# 猪常见病症状鉴别诊断

罗胜军 郭昌明 ◎ 主编

中国农业出版社
农村读物出版社
北京

## 图书在版编目（CIP）数据

猪常见病症状鉴别诊断 / 罗胜军，郭昌明主编 . —
北京：中国农业出版社，2019.12（2021.9重印）
ISBN 978 - 7 - 109 - 26321 - 5

Ⅰ．①猪… Ⅱ．①罗… ②郭… Ⅲ．①猪病-鉴别诊
断 Ⅳ．①S858.28

中国版本图书馆 CIP 数据核字（2019）第 285454 号

**猪常见病症状鉴别诊断**
**ZHU CHANGJIANBING ZHENGZHUANG JIANBIE ZHENDUAN**

中国农业出版社出版
地址：北京市朝阳区麦子店街 18 号楼
邮编：100125
责任编辑：张艳晶
版式设计：韩小丽　责任校对：赵　硕
印刷：中农印务有限公司
版次：2019 年 12 月第 1 版
印次：2021 年 9 月北京第 2 次印刷
发行：新华书店北京发行所
开本：850mm×1168mm　1/32
印张：7.5　插页：6
字数：180 千字
定价：30.00 元

**版权所有·侵权必究**
凡购买本社图书，如有印装质量问题，我社负责调换。
服务电话：010 - 59195115　010 - 59194918

# 本书有关用药的声明

兽医科学是一门不断发展的学科，标准用药安全注意事项必须遵守。但随着科学研究的发展及临床经验的积累，知识也不断更新，因此治疗方法及用药也必须或有必要做相应的调整。建议读者在使用每一种药物之前，参阅厂家提供的产品说明以确认推荐的药物用量、用药方法、所需用药的时间及禁忌等。医生有责任根据经验和对患病动物的了解决定用药量及选择最佳治疗方案。出版社和作者对任何在治疗中发生的对患病动物和/或财产所造成的伤害不承担任何责任。

中国农业出版社

# 编　委　会

主　编：罗胜军　广东省农业科学院动物卫生研究所

　　　　郭昌明　吉林大学动物医学学院

副主编：康桦华　广东省农业科学院动物卫生研究所

　　　　王晓虎　广东省农业科学院动物卫生研究所

　　　　袁子国　华南农业大学

　　　　徐慧娟　中国科学院广州生物医药健康研究院

主　审：魏文康　广东省农业科学院动物卫生研究所

　　　　杨正涛　佛山科学技术学院

参　编：张泽才　吉林大学动物医学学院

　　　　魏正凯　佛山科学技术学院

　　　　向　华　广东省农业科学院动物卫生研究所

　　　　张志刚　东北农业大学

　　　　张秀香　华南农业大学

　　　　戚南山　广东省农业科学院动物卫生研究所

　　　　魏光伟　广东省农业科学院动物卫生研究所

　　　　唐兴刚　广东省农业科学院动物卫生研究所

赵福义　广东永顺生物制药股份有限公司
翟志南　广东永顺生物制药股份有限公司
袁　宝　吉林大学动物科学学院
郭伟干　广东省农业科学院动物卫生研究所
潘志忠　松原市职业技术学院
温　涛　黑龙江省农业科学院畜牧兽医分院

# 前 言

　　本书仅供兽医临床工作者、广大养猪人、专业技术交流、大专教学、本科教学等参考使用。

　　随着猪的新发疫病不断出现，多重疾病混合感染增多，给临床兽医工作者正确诊断猪病带来许多困难。本书主要介绍猪病症状鉴别诊断思路和例子，以及病变鉴别诊断要点等，帮助大家在临床上正确认识猪病的诊断过程，使动物群体性疾病诊断思路更加清晰、准确，促使临床工作者更好地制订治疗和预防方案。实验室常规检验是建立科学诊断不可或缺的内容，能让读者系统地、全面地了解猪病诊断方法和内容，更有利于猪病精确诊断。

　　目前猪病鉴别诊断的书不少，但是每个作者的角度不同，各有特点。能让兽医临床工作者以清楚的思路对猪病进行鉴别诊断的逻辑判断思想理论还不够系统。近年来，我国畜牧业发展迅猛，但是我国动物疫病防控形势仍然严峻复杂，老病新特点、新病不断增加、多重疾病混合发生，造成动物疾病诊断越来越难。兽医人员面对新疾病、新现象、新变异的情况，其经验性不足，迫使其依赖所谓先进的实验室检测技术，主观地加重了实验室检测数据作为诊断的依据。尽管诊断的新技术如分子生物学技术和基因检测技术等发展迅速，但因缺乏充分的逻辑判断而出现主观与无效诊断现象增多。因此，建立诊断精密逻辑模型显得尤为必要。笔者提出诊断是对动物疾病发生矛盾所在的逻辑判断证明。本书创建的兽医诊断的"象、数、理"矢量逻辑模型体系，即诊断的精密逻辑模型，基本概括了诊断和认识动物疾病发生的所有矛盾状态，将诊断逻辑判断终极化，有效避免假象的干扰，尤其对实验室诊断的数据做了严格的逻辑规定，其具有理论创新和实践应用指导意义。精密逻辑对读者系统地学习猪病和兽医临床诊断具有重要的意义。

　　本书积累了作者多年临床工作实践经验，并在前人的基础上，进一步把猪病诊断理论与实践辩证地、逻辑地、系统地阐述出来。在这个过程中，笔者查阅了大量资料，吸取了一些文章和专业书籍所介绍的好理论、好思想、好的兽医临床实践经验，给广大读者以新的视角，对猪病专业技术知识系统性地把握，为更快、更准确地诊断猪病提供很好的指导，本书还选择了一些直观的图片供读者对疾病认识辅助参考，在此特别提示大家：准确地诊断疾病还需要系统的精密逻辑判断。

　　由于作者水平有限，书中难免有疏漏和错误之处，望读者多提宝贵意见，以备今后修改和完善。

编　者

# 目　录

前言

# 第一章　概　论

## 第一节　症　状

症状（symptom）是动物患病后，兽医在临床观察和检查中发现的机能异常（如呼吸困难、恶心、疼痛、瘙痒等）和病理现象（如肿胀、溃疡、啰音、心脏杂音等）。症状的出现表明疾病的存在，它是在病理生理及病理形态改变的基础上产生的，是认识疾病的指南，也是诊断疾病的依据。对于一名临床兽医来说，必须熟悉各种疾病的症状，同时还要了解症状的起因、发生机制和临床意义，这样才能提出科学的诊断。因此，在兽医临床上富有诊断价值的症状的发现，对于正确估计、合理解释、客观反映局部器官或整个机体的真实状态，都具有重要的指导意义。按临床诊断观点可以将症状分为以下几种类型。

### 一、主要症状和次要症状

在查明的症状中，对疾病的诊断具有决定意义的症状称为主要症状，其他症状称为次要症状。例如，猪流行性腹泻是由病毒引起的一种急性肠道传染病，以排水样便、呕吐、脱水及传播迅速为主要临床特征，其他表现为次要症状。把疾病的症状区分为主要症状和次要症状，对于建立诊断尤其是鉴别诊断具有重要的意义。

### 二、典型症状

典型症状是指能反映疾病临床特征的症状，但单凭这些症状不能确定疾病的性质。如发生大叶性肺炎时，稽留热型、铁锈色鼻液、肺部的听诊和叩诊呈现的变化共同组成其典型症状。在某种疾病中出现该病的典型症状，有助于建立诊断。

### 三、示病症状和特殊症状

示病症状和特殊症状是指能直接表明疾病类型、确定疾病性质的症状。如猪口蹄疫特征性症状在蹄冠、蹄叉、鼻镜、母猪乳头出现水疱。又如亚急性猪丹毒的示病症状"打火印"。

### 四、全身症状

全身症状是整个机体对病原刺激应答反应所表现出的症状。如发热、呼吸困难和咳嗽、食欲减退或废绝、精神沉郁等。全身症状对于疾病没有直接的诊断意义，但对于早期发现病畜、判断病的轻重及预后判定都有重要的意义。

### 五、局部症状

局部症状是某一器官患病后局限于病灶区的一些症状。如发生口炎时的流涎和口黏膜病变，发生蹄病时的支跛，发生乳房炎时乳房红肿热痛和乳汁性状变化等。这些症状有助于找出患病器官。

### 六、综合征

在某些疾病的发生和发展过程中，许多症状的出现具有一定的规律性，它们常依固定的关系同时出现或按一定的次序先后出现，这一系列症状的组合，称为综合征（syndrome），又称症候群或综合征候群。它是做出疾病诊断的重要依据。例如，猪呼吸道综合征（porcine respiratory complex，PRDC）是一种由多因素引起的呼吸道疾病的总称，是生长育成猪普遍存在的疾病。意识障碍、精神沉郁或兴奋、运动失调、痉挛或麻痹组成脑病综合征。

疾病症状是动物机体在疾病过程中非常复杂的病理表现，它的表现形式多种多样、千变万化，同一种疾病可出现许多不同的症状，而同一症状也可在完全不同的疾病过程中出现。因此，临床上有"同病异症"和"异病同症"之说。

# 第二节　诊　　断

## 一、诊断概念

诊断是畜禽疾病防治工作的前提，也是兽医临床工作的基础。在兽医临床工作中，迅速、及时地做出正确诊断，对提出有效的治疗方案及做出预后判定都有着十分重要的意义。

诊断（diagnosis）是对动物的诊查与疾病判断的综合过程，是一个全面认识疾病的过程。兽医临床诊断，就是兽医运用各种方法对病畜进行诊查以后，收集症状与资料，经分析和综合，对病畜的健康状况和病理过程做出概括性的判断。对于一名兽医临床工作者来说，必须清楚地认识到诊断是一个仔细诊查、全面认识、正确判断和鉴别疾病的过程。一个完整的诊断必须阐明疾病的临床表现，确定主要病变的部位和性质，呈现的器官机能的变化，确定致病原因，阐明发病机制。一般认为，如果提出的诊断能满足上述要求，即为有价值的诊断。但要做到这一点是很困难的，有时甚至是不可能的。因此，在兽医临床上常按照上面所述的某一要素提出诊断。

## 二、诊断分类

**1. 症状鉴别诊断**　就是从临床表现出发，以主要症状或病征为线索，将一大堆相关疾病联系起来，形成诊断树（diagnostic tree），而后再逐步把它们区分开来。这是古今中外、人医兽医、中医西医都在沿用而从来不教授的一种鉴别诊断法。我们前辈在从事兽医临床教学和科研工作中，曾解开过一些疑难杂症，并且颇有发现，用的就是症状鉴别诊断法。自 20 世纪 60 年代以来，我们也就一直积极倡导这种诊断法。

常用于动物疾病鉴别诊断的综合征有 20～30 个，如出血综合征、贫血综合征、溶血综合征、黄疸综合征、紫绀综合征、水肿综合征、气喘综合征、腹水综合征、感光过敏综合征、共济失调综合征、腹泻综合征、腰荐及后躯运动障碍综合征、流产综合征、难产综合征、不孕综合征及猝死综合征等。

**2. 病变鉴别诊断**　从剖检变化出发，以基本病变为线索，将若干相关疾病串在一起，再逐步把它们区分开来，这就是病变鉴别诊断法。病变鉴别诊断法和症状鉴别诊断法相辅相成，是动物疾病尤其动物群体病鉴别诊断常用的两种方法。其中，病变鉴别诊断法是兽医特有的一个法宝。

常用于猪群体病鉴别诊断的病变至少有 30 种，如脑炎、脑水肿、肝变性、淋巴结肿、腹腔积液、胃溃疡、急性胃肠炎等，能确定患病器官部位和形态变化特征的诊断。

**3. 病因学诊断**　直接表明疾病原因的诊断，如结核病、钩端螺旋体病、放线菌病、肝片吸虫病、硒缺乏症、棉籽饼中毒、霉败饲料中毒等。此种诊断已广泛应用于传染病、寄生虫病、中毒性疾病和营养代谢疾病方面的诊断。然而，病因学诊断还有某些不足之处，例如，除微生物和病原体以外，外界环境条件及机体的抵抗力在疾病的发生和发展过程中起重要作用。尽管如此，病因学诊断仍然是最重要、最理想的临床诊断，因为它对疾病的发展、转归、治疗和预防都具有指导意义。

**4. 发病学诊断**　阐明疾病发生机制的诊断，如光敏性皮炎、过敏反应、再生障碍性贫血、先天性贫血等。

**5. 治疗性诊断**　某些疾病在难以确诊的情况下，可按预想的疾病进行试验性治疗，通过对治疗效果的观察，再做出进一步结论。常用于维生素、微量元素缺乏症等营养代谢病和中毒病的诊断。

**6. 论证诊断** 当症状单一，病情不复杂，具有能反映某个疾病本质的特有症状，或已经出现某个疾病的典型症状时，均可应用该方法。此时应先将临床检查所得到的症状分出主要症状和次要症状，按主要症状提出一个设想的疾病，然后将这些症状与所提出的疾病理论上应具有的症状进行对照印证。如果病畜的主要症状与设想疾病的主要症状全部或大部分相符合，且与多数次要症状不相矛盾，便可认为病畜所患疾病就是设想的疾病而建立诊断。

## 三、诊断方法

### （一）问诊

问诊即向畜主了解畜群和病畜的生活史与患病史，可在检查病畜之前进行，也可穿插于其他检查之中。问诊在畜群发病原因的诊断上，特别是猪病、禽病及经济动物疾病的诊断上尤为重要。通过问诊可把握进一步检查的方向和重点，在某些疾病的诊断上可提供重要依据。问诊的内容和范围，应结合病畜的发病情况，有针对性地询问，通常着重了解下列三方面情况：

（1）畜禽发病时间和病后主要表现，附近或本单位其他畜禽有无类似疾病发生。

（2）饲养管理情况，主要了解饲料的种类、饲喂量及其他情况。

（3）治疗经过，了解用药种类和效果等。

### （二）视诊

视诊是用眼或借助器械观察病畜的各种异常现象，是识别疾病不可缺少的方法，特别对在大群中发现病畜更为重要。视诊时检查者站在距离病畜适当的地方，观察其全貌，如精神、营养、姿势等，然后由前向后边走边看，即从头部、颈部、胸部、腹部、臀部及四肢等处，注意观察体表有无创伤、肿胀等现象。如发现异常，可稍接近病畜，进一步观察。最后让病畜运动，观察运动的状态。对体型较小的经济动物视诊时，可将被检查动物放进笼内或小室内，最好在饲喂时观察。

（三）触诊

触诊是利用手接触的感觉进行检查的一种方法。通过触诊可以了解被检组织和器官的温度、硬度、敏感性及内容物的性质等。根据病变的深浅和触诊的目的又可分为浅部触诊和深部触诊。浅部触诊的方法是检查者的手放在被检部位上轻轻滑动触摸，可以了解被检部位的温度、湿度和疼痛等；深部触诊是用不同的力量对病畜进行按压，以了解病变的性质。在触诊胃肠内容物饲喂性状、感觉腹水的波动时，常用冲击式触诊法，即以一手放在动物的背腰部为支点，另一手的4指伸直并拢或弯曲第二指节，垂直地放在被检部位，指端不离体表，用力行短而急的触压，以了解内容物的性状。借助器械进行触诊的，触诊所感到的病变硬度主要有以下几种。

（1）捏粉样　柔软如面团，指压留痕，除去压迫后缓慢恢复，见于组织间浆液浸润，如水肿。

（2）坚实　硬度如肝，见于组织间细胞浸润，如蜂窝织炎。

（3）坚硬　硬度似骨。

（4）波动性　柔软有弹性，指压留痕，有液体移动感，见于组织间液体潴留而周围组织弹性减退时，如血肿、脓肿等。

（5）气肿性　压迫柔软稍有弹性，有捻发音，并有气体窜动感，见于组织间积聚气体时，如皮下气肿、恶性水肿等。

（四）听诊

听诊是指听取病畜发出的和体内器官活动时产生的各种音响，根据音响的性质以推断发病器官的病理变化。直接用耳听取音响的称为直接听诊，主要用于听取病畜的呻吟、喘息、咳嗽、喷嚏、嗳气、磨牙及高朗的肠音等。用听诊器进行听诊的称为间接听诊，主要用于心、肺及胃肠道检查。

### （五）嗅诊

嗅诊是指借嗅觉器官嗅闻病畜的排泄物、分泌物、呼出气、口腔气味及深入畜舍了解卫生情况，检查饲料是否霉变等的一种方法。嗅诊在诊断某种疾病时具有重要意义，如胃肠炎使粪便恶臭；尿毒症时，皮肤或汗液带有尿臭气味。

### （六）一般检查

猪的一般检查见本章第三节介绍。

### （七）特殊检验

**1. 血液常规检验**　包括血红蛋白含量测定、红细胞计数、白细胞计数、白细胞分类计数、血沉测定。在这里着重介绍常用的红细胞计数和白细胞计数。

（1）血红蛋白含量测定的临床意义

①血红蛋白含量增多：见于各种原因引起的血液浓缩，如腹泻、呕吐、大出汗及某些中毒等。

②血红蛋白含量降低：是各型贫血的特征，亦可见于各种慢性消耗性疾病，如结核病、肝片吸虫病、蛔虫病等。

（2）红细胞计数

**器材：** 血红蛋白吸管吸血；血细胞计数板；血球计盖片；小试管。

**稀释液：** 0.9％氯化钠溶液。

**原理：** 将一定量的血液经一定量的等渗稀释液稀释后，充入计数池内，置显微镜下计数。然后换算出每立方毫米血液内的红细胞数。

**操作方法：** ①取小试管一支，加入0.9％氯化钠溶液4.0毫升（按理应加3.98毫升）。②用血红蛋白吸管吸取血液20微升，擦去管壁周围的血液；加入红细胞稀释液中，将吸血管在上清液中冲洗数次，颠倒混合，使血液与稀释液充分混匀。③用吸管将1滴稀释血液充入计数池中，静置1～2分钟，

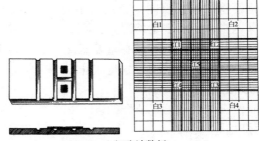

血细胞计数板

（引自朱维正《新编兽医手册》）

待红细胞分布均匀并下沉后开始计数。计数红细胞用高倍显微镜，计数中央大方格中四角4个及中央1个小方格（共5个小方格），即80个小方格内的红细胞数。

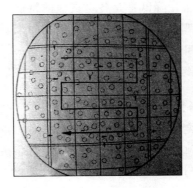

（引自朱维正《新编兽医手册》）

**注意：**数红细胞时，应数上不数下，数左不数右。

**计算：**每立方毫米血液内红细胞总数＝计数5个中方格（80个小方格）的红细胞数的总和乘以10 000。

（3）白细胞计数

**器材：**血红蛋白吸管；血球计数板；小试管。

**试剂：** 1/10 摩尔/升的盐酸，也可用 1% 的盐酸代替。

**原理：** 将血液用 1/10 摩尔/升的盐酸液稀释后，使红细胞溶解而白细胞形态更加清晰之后进行计数，然后求得每立方毫米血液内的白细胞数。

**操作方法：** ①取小试管一支，加入 1/10 摩尔/升的盐酸 0.38 毫升。②用血红蛋白吸管吸血 20 微升，擦去管尖周围血液，立即加入稀释液的小试管中，将吸血管在上清液中冲洗数次，用手轻轻振动混匀。③用吸管吸取混匀的上述稀释液，充填入计数池内，静置 1 分钟后计数。④计数时，用低倍显微镜计数出计数池内四角大方格中的白细胞数（每个大方格内有 16 个小方格），乘以 50 即为每立方毫米血液内的白细胞总数。

**临床意义：** ①白细胞增多。可见于多数细菌性感染和炎症，如气管炎、肺炎、胸膜炎、腹膜炎、子宫内膜炎等。白血病时以白细胞的显著增多为特征。②白细胞减少。主要见于某些病毒性传染病，如犬瘟热、病毒性肝炎、流感等；某些严重疾病的后期，机体高度衰竭时亦可见之；长期应用某些药物，也可引起白细胞减少。

（4）白细胞分类计数 以百分率表示各种类型白细胞间的数量关系，称为白细胞分类计数。

**血片的制作：** 将一小滴血液放在载玻片的一端，用左手的拇指及中指挟持载玻片，右手持推片。将推片倾斜 30°～40°，使其一端与载玻片接触，并放于血滴之前；向后拉动推片，使之与血滴接触，待血液扩散开之后，再轻轻向载玻片另一端推动，即形成一血膜；迅速自然风干，待染色。

**瑞氏染色法：** 将干燥血液涂片，放在水平的支持架上。滴加

染液（量的多少由血膜大小而定），直至将血
膜盖满为止。待染 1 分钟后，再加缓冲液，并
轻轻用嘴吹动，使染色液和缓冲液混匀。继续
染色 5～10 分钟，用水冲净，并用吸水纸将水
分吸干，以备镜检。

**镜检：**一般先用高倍显微镜大体观察，再换用油镜，边看边
移动血片进行白细胞计数（彩图 1-1）。

**临床意义：**①白细胞增多。A. 中性粒细胞增多。见于多数
细菌性传染病初期，急性炎症过程，如肺炎等；
并常见于机体的化脓性感染。B. 嗜酸性粒细胞
增多。多见于某些寄生虫病、过敏性疾病及湿疹
等。C. 淋巴细胞增多。主要见于某些慢性传染
病，如结核病，也可见于淋巴细胞性白血病。
D. 单核细胞增多。见于败血性疾病，某些梨形
虫病（如焦虫病）及李氏杆菌病时。②白细胞减
少。A. 中性粒细胞减少。可见于某些病毒性传
染病；药物中毒，如长期应用某些抗生素；也可
见于许多严重疾病的末期。B. 嗜酸性粒细胞减
少。当败血症、某些病毒病时可能减少；当显著
减少时常提示预后不良。

**2. 尿液常规检验**　大体分 3 项：物理方法检查内容包括透
明度、尿色、气味及比重。化学方法检查内容包括酸碱度、蛋白
质、血红蛋白。尿液沉渣显微镜检查。

（1）物理方法检查

①尿色：以淡黄、深黄、黄白、暗红或透明红色等来
描述。

②透明度：用清亮、微浑、浑浊等来描述。

在病理情况下尿色可有下述变化：A. 血尿。尿中含有一定
量的红细胞。酸性尿，尿色为淡棕红色、棕红色或暗红色。碱性

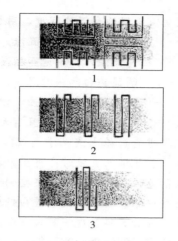

1

2

3

（引自朱维正《新编兽医手册》）

尿，尿色为红色。如肾脏、膀胱结石、急性肾炎、尿道出血、肿瘤等。B. 血红蛋白尿。尿内含有游离的血红蛋白，尿色呈酱油色。如寄生虫病等。C. 胆红素尿。尿中含有大量直接胆红素，尿色呈深黄色，见于阻塞时黄疸及肝细胞性黄疸。

（2）尿液的化学检验

①尿的 pH 测定：猪的尿液正常 pH 为 6.5～7.8。

②尿中蛋白质的测定：采用煮沸加酸法。

**煮沸加酸法**

原理：加热可使蛋白凝固变性，而出现白色混浊。加酸可溶解因磷酸盐或碳酸盐所形成的白色混浊，以免干扰对结果的判定。

方法：取中试管一支，加尿液（如为碱性尿，需加少许10％醋酸，使之成为弱酸性）3毫升，将尿液的上部置于酒精灯上慢慢加热至沸腾，煮沸的尿液变混浊，下部未煮的尿液不变，冷却后，再滴加10％冰醋酸数滴。混浊物不消失的，证明尿中含有蛋白质，为阳性反应，混浊物溶解消失的，是磷酸盐类，为阴性。

结果判定：根据有无混浊和混浊程度，用加减号报告结果。

（一）尿液仍清晰，不见混浊；

（十）白色混浊，但不见颗粒沉淀；

（十十）明显的白色颗粒混浊，但不见絮状沉淀；

（十十十）大量的絮状混浊，但不见凝块；

（十十十十）见到凝块，且有大量絮状沉淀。

临床意义：病理性蛋白尿主要见于急性肾炎及肾病；此外，膀胱、尿道的炎症时亦可出现轻微的蛋白尿。多数的急性热性传染病，某些饲料中毒时，也可出现蛋白尿。当喂饲大量蛋白饲料或妊娠动物、新生幼畜时，可呈现一时性蛋白尿。

③尿中潜血的检查：尿液中混有不能用肉眼直接观察出来的红细胞或血红蛋白称为潜血。检查方法采用联苯胺法。

**联苯胺法**

原理：血红蛋白中的铁，具有过氧化酶的作用，可分解过氧化氢放出氧，使联苯胺氧化呈绿色或蓝色。

试剂：1％联苯胺冰醋酸和3％过氧化氢溶液。

方法：在小试管内加入1％联苯胺冰醋酸，再加入等量3％过氧化氢1毫升，混匀后，将被检尿液重积其上，如果两液接触面出现绿色或蓝色环的为阳性反应，证明尿中含有血红蛋白。

结果判定：若供检尿液呈绿色或蓝色，为阳性反应。

（十十十十）立即出现黑蓝色；

（十十十）立即出现深蓝色；

（十十）1分钟出现蓝绿色；

（十）1分钟以上出现绿色；

（一）3分钟以后仍不变色。

注意事项：过氧化氢溶液必须新鲜。玻璃器材必须十分清洁，否则可呈假阳性反应。

临床意义：尿中潜血反应阳性，可见于肾及尿路的出血性疾病，以及各种溶血性疾病（如焦虫病、血红蛋白尿症、钩端螺旋体病、新生仔溶血病等）。

④尿沉渣的检查：无机沉渣主要多为各种盐类结晶；有机沉渣包括红细胞、白细胞、上皮细胞、管型（尿圆柱）及微生物等。

尿沉渣标本的制作和镜检：取新鲜混匀的尿液约5毫升于小试管内，以2 000转/分钟的速度离心沉淀3～5分钟，或任其自然沉淀数小时。标本为明显脓尿或血尿时，则不必离心，但应注明未离心沉淀。将离心后尿的上清液于另一试管中（做蛋白质测定），沉淀管内剩余约0.2毫升，摇匀沉渣，倾于玻片上加盖片后镜检。先用低倍镜将涂片全面观察一遍，寻找有无细胞、管型及结晶。再用高倍镜仔细辨认。光线应用弱光，过强时可使透明管型漏检。

结果报告：细胞以高倍视野所见最低和最高数字表示，如白细胞0～5个/高倍视野。管型以低倍视野所见最低和最高数字表示，如透明管型0～1个/低倍视野。

⑤尿沉渣中的细胞成分：

A. 红细胞：正常尿中很少见到红细胞。若超过4～5个/高倍视野，而尿的外观无血色者，称为镜下血尿。见于急性或慢性肾小球肾炎、急性膀胱炎、肾结石、肾盂肾炎等。

B. 白细胞：正常尿中可有少量白细胞。若超过5～8个/高倍视野，说明泌尿器官有炎症。如尿中出现大量白细胞或脓细胞，说明泌尿器官有化脓性炎症或脓肿破裂。

C. 上皮细胞：因其来源不同，形态亦各异。

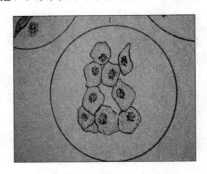

（引自朱维正《新编兽医手册》）

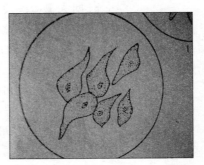

**肾上皮细胞**：形态呈圆形或多边形，大小近似白细胞或比白
细胞略大 1/3，含有 1 个大而圆的核，胞质内
含小颗粒。

**临床意义**：肾上皮细胞主要来自肾小管。正常尿液中可能有
少量出现。当发生肾小球肾炎时可大量出现，其
细胞内并可含脂肪滴。

**尿路上皮及肾盂上皮**：尿路上皮比白细胞大 2～4 倍，形态
不一，可呈梨形、梭形或带尾形，
尿路上皮常有 1 个圆形或椭圆形的较
大的核；有呈典型的高脚杯形者为
肾盂上皮细胞。

**临床意义**：尿路上皮细胞来自肾盂、输尿管及膀胱颈部，高
　　　　　　脚杯形的细胞主要来自肾盂，这些细胞大量出现
　　　　　　时，表示尿路黏膜的炎症比较严重。

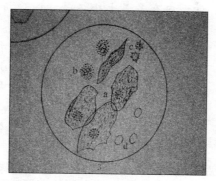

**扁平上皮细胞（膀胱上皮）**：表层大而扁平，中层为纺锤形，
　　　　　　　　　　　　　　深层为圆形的细胞含有小而明
　　　　　　　　　　　　　　显的圆形或椭圆形的核。

**临床意义**：此细胞来自膀胱、尿道浅层。大量出现为膀胱或
　　　　　　尿道黏膜的表层有炎症。

　　D. 管型（尿圆柱）：管型是蛋白质在肾小管内凝聚而成的圆
柱状物体，当尿内有多量管型出现时，表示肾实质有病理性变
化。根据管型的构造不同，又可分为许多种，如透明管型、颗粒
管型、脂肪管型、细胞管型、蜡样管型等。细胞管型中又有红细
胞、白细胞、上皮细胞等管型。下面对常见管型的形态及临床意
义介绍如下。

**透明管型**：为无色透明内部结构均匀的圆柱状体，两边平
　　　　　　行，两端钝圆，偶尔含有少量细颗粒。因其透明
　　　　　　度大易被忽略，需在弱光下观察。尿中多量出现
　　　　　　时，说明肾实质有轻度病变。

**颗粒管型**：管型内含有颗粒，其量超过 1/3 时，称为颗粒管
　　　　　　型。根据颗粒的大小，又分为粗颗粒与细颗粒两

种类型。细颗粒管型见于慢性肾炎或急性肾炎后期。粗颗粒管型见于慢性肾小球肾炎或某些原因引起的肾小管损伤时。

**脂肪管型**：管型内有多量大小不等，圆形折光性强的脂肪滴。见于慢性肾炎及类脂性肾病。

**细胞管型**：红细胞与白细胞管型的意义与尿中细胞成分的意义相同。上皮细胞管型表示有肾小管病变，常见于急性肾炎、重金属和化学物质中毒时。

**蜡样管型**：常呈浅灰色或蜡黄色、有折光性、质较厚、外形宽大、易断裂、断端呈直角、边缘常有缺口，有时呈扭曲状。表示肾脏有长期而严重的病变。

**3. 粪便检验** 包括粪便的硬度、颜色、气味及混合物。进一步检验包括 3 项：粪便酸碱度检验、粪便潜血检验、粪便虫卵检查。

（1）粪便的酸碱度检验 取广范围试纸一条贴在被检粪便上，根据试纸颜色改变情况，判定其 pH。如粪便过于干涸时，可先将试纸用中性蒸馏水浸湿，然后贴在被检粪便上测定。

（2）粪便中的潜血检验 原理与试剂同尿液的潜血检验。①取粪便 1～2 克，置于试管或烧杯中，加蒸馏水 3～4 毫升，搅拌，煮沸（破坏粪便中的酶类）后，冷却。②在小试管内加入 1‰联苯胺冰醋酸，再加入等量 3‰过氧化氢 1 毫升，混合后，将上述粪便重积其上，如两液接触面出现绿色或蓝色环的为阳性反应，证明粪便中含有血红蛋白。

结果判定：（＋＋＋＋）立即出现深蓝色或深绿色。

（＋＋＋）半分钟出现深蓝色或深绿色。

（＋＋）1 分钟内出现深蓝色或深绿色。

（＋）1 分钟后出现浅蓝色或浅绿色。

（－）5 分钟不出现蓝色或绿色。

注意事项：由于氧化酶或触酶并非血液所特有，动物组织或植物中也有少量，部分微生物也产生相同的酶，所以粪便必须事先煮沸，以破坏这些酶类。被检动物在试验前3～4天，应禁食肉类及含叶绿素的蔬菜、青草等。

**临床意义：**粪便潜血阳性，见于胃肠道的出血性疾病，如猪痢疾、病毒性肠炎及寄生虫病等。

（3）粪便虫卵检查　常用盐水浮集法：取5克粪便，放入小烧杯中，然后倒入浓盐水5～10毫升，充分搅拌后静置10分钟，取上浮液用低倍镜检查。

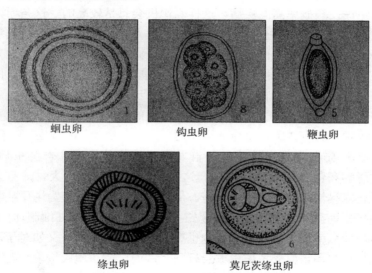

蛔虫卵　　　　　钩虫卵　　　　　鞭虫卵

绦虫卵　　　　　莫尼茨绦虫卵

（引自朱维正《新编兽医手册》）

## 四、建立诊断的原则

**1. 先从一种疾病的诊断入手**　尽可能用一种诊断解释病畜的全部症状，这是建立诊断的一条重要原则。只有从一种诊断着眼，使临床资料的评价有了准则，才能对一些资料予以肯定，对另一些资料予以否定，分清主要症状和次要症状，分析各症状之间的因果关系，逐步深入探讨临床资料所反映的疾病本质。这就要求临床兽医具有扎实的专业知识和丰富的临床经验，既要了解常见症状在各种情况下的起因、表现特点、发生机制及与生物体组织器官的关系，了解各种辅助检查法的临床意义，还要掌握常见病的典型症状，根据临床资料和拟诊疾病的相符程度，找出适宜的诊断方向。

**2. 先考虑常见病和多发病** 这是建立诊断的又一条重要原则。当主要的临床资料可能见于几种疾病时，应根据当地情况优先考虑发病概率高的疾病，这样确诊机会总是较高的。这条原则在实践中已证实是很有用的，尤其是地方病和当地正在流行的疾病，根据其发病规律和主要症状，即可做出诊断。例如，在地方性硒缺乏地区，对白肌病的猪，首先就应该考虑为硒缺乏症，向这一方向分析各种临床资料，并做进一步的必要检查，可以少走许多弯路。当然，少见病和偶见病发生的概率虽小，但不等于不会出现，若有线索，也应适当考虑。

**3. 先考虑群发性疾病** 群发性疾病指传染病、寄生虫病、中毒病和营养代谢性疾病等。这些疾病的危害性较大，一旦发现，应尽快采取有效防治措施。例如，以贫血、黄疸为主要症状的病猪，在发病季节适宜时应先考虑弓形虫病和附红细胞体病，因其死亡率高，会严重地影响生产性能，危害较大。又如对于新生仔猪腹泻，应先考虑由大肠杆菌、沙门氏菌、魏氏梭菌、轮状病毒等引起的传染性腹泻，这类疾病的传播速度快、发病率高，是仔猪死亡的重要因素。尽快确诊或排除这类疾病可减少生产上的损失。

**4. 在遇到从未见过的流行疾病时，要考虑是否是新病出现** 随着时间的推移，在一定时期出现新病是自然规律的必然，这需要临床兽医工作者认真、科学地总结和发现，这也是对兽医职业的要求。

**5. 诊断不应延误防治工作的时机**　建立诊断是为了采取正确的防治措施，防治疾病才是诊断的目的。按照这条原则，对一时难以做出准确诊断的病例，尤其是急性的、危重的病例和烈性传染病疫情，应当针对已查明的临床情况，及时采取防治措施，切不可为了取得较完善的诊断结论，而无休止地进行检查，延误了防治和控制时机。

## 五、建立诊断的步骤

在兽医临床上，一般可以按照 3 个步骤建立诊断，即：搜集症状和资料；分析综合症状和资料，做出初步诊断；实施防治，验证诊断。

### （一）搜集症状和资料

包括调查病史、临床检查、实验室检查及各种特殊检查。这是认识疾病的第一步，是诊断的最初阶段，即感性认识阶段，但它又是诊断的最原始的基础资料和依据的积累过程。

**1. 调查病史**　即问诊，是临床诊断的一个很重要方面。有时搜集的病史资料在建立诊断中起决定性作用。应重点了解本次发病的病史、既往病史、饲养管理情况及环境因素等。此外，由于病史不是兽医的第一手资料，因此要注意其客观性、真实性，否则易造成误诊。

**2. 临床检查**　这是获得症状的主要手段。在临床检查过程中，为了不漏查、误查，检查一定要全面、系统，按一定的顺序进行。为了使收集的症状和资料全面、真实和客观，必须熟悉检查方法，培养敏锐的观察力和准确的判断力。如果所获得的症状仍不足以建立诊断，还需进行动态观察，不断发现新的症状、资料，以完善诊断。

**3. 实验室检查和特殊检查**　病理剖检是临床检查的补充，是一种辅助诊断手段。它可以为诊断提供许多有价值的信息。但在病理剖检过程中必须注意两点：一是病理剖检等实验室检查和特殊检查结果，必须结合临床情况来评价；二是要善于应用各种特殊检查法。

**（二）分析综合症状和资料，做出初步诊断**

包括找出患病器官、冠以病名和推断预后。为了认识疾病的本质，必须对搜集的症状和资料进行综合分析，提出诊断。这时对疾病的认识已从感性认识上升到理性认识阶段。

**1. 找出患病器官**　在临床实践中，收集的症状和资料不仅多，而且极其错综复杂，初学者在认识疾病时，对于确认症状的价值，往往存在一定的困难。在错综复杂的症状中，一般应先找出示病症状、主要的局部症状及症候群，以确定主要的患病器官。同时应兼顾全身症状，以确定病的轻重，并为预后判定提供有价值的资料。

（1）找出示病症状或特殊症状　因示病症状或特殊症状可以直接表明是什么病，故在建立诊断上有特殊的意义。例如，猪口蹄疫特征性症状在蹄冠、蹄叉、鼻镜、母猪乳头出现水疱。又如亚急性猪丹毒的示病症状"打火印"。

这些症状对诊断具有决定性意义，但具有示病症状或特殊症状的疾病非常少。

（2）找出主要的局部症状　根据局部症状，可以推断一定的组织器官患病。所以，在建立诊断时，找出主要的局部症状以确定主要的患病器官是相当重要的。如出现支跛，应考虑蹄病，乳房红肿热痛和乳汁性状变化提示乳房炎等。

局部症状有助于找出患病器官。局部症状不是某个疾病的特有异常表现。从某种意义上来说，据此来确定病名不如示病症状或特殊症状可靠。但从某一局部症状出现的原因和机制上分析，就为进一步论证诊断或鉴别诊断提供了依据。

（3）综合征（综合征候群）　在临床上，由于具有示病症状的疾病非常少，某些局部症状又非某个疾病所特有，所以在收集的症状中找出并组成综合征，对提示诊断、明确患病器官系统、确定疾病性质都有重要意义。如流鼻液、咳嗽、呼吸困难组成呼吸系统疾病的综合征，表明疾病在呼吸系统。

（4）全身症状　全身症状是机体对致病因素的应答性反应，包括体态、皮肤、黏膜、体温和呼吸频率等的变化。多数疾病均有全身症状表现，所以不能根据这些症状做出判断，但根据全身症状，有时可以判断病势轻重，预后良好与否，所以对诊断也有一定的意义。

**2. 冠以病名**　运用论证诊断法和鉴别诊断法对症状和资料进行综合分析，冠以病名。为了在初诊时尽可能地提高诊断的准确性，必须注意主要症状与次要症状之间，以及典型症状与非典型症状之间的关系。

（1）主要症状与次要症状的关系　如果病猪的症状典型，且症状之间联系密切，清楚地揭示了疾病的本质，则不难建立准确的诊断。反之，如果症状繁杂，则必须将这些零散的症状逐一评价，分析它们之间是否有必然的内在联系。如果症状之间出现矛盾，则首先要检查有关症状的真伪，在排除了不客观的症状、资料后，找出主要矛盾或矛盾的主要方面。例如，当出现一系列症状时，要分析是数病合并出现还是一个疾病的因果病理关系。如是数病合并出现，则要分析是以何种疾病为主。如是一个疾病的因果病理关系，则要分析出疾病的主要方面是什么。这样做不仅是建立诊断的要求，更是获得良好治疗效果的前提。

（2）典型症状与非典型症状的关系　临床上对于表现出典型症状的疾病一般不难诊断。然而，即使具有典型症状的疾病，临床病例也并不典型。第一，是因为疾病是一个过程，在临床诊断的某一阶段不一定正是典型症状的出现时期。第二，是因为疾病的严重程度不同，使得典型症状未表现出来。如有些病会暴发，临床上未表现出任何症状而突然死亡。第三，同一疾病在不同病猪身上因个体差异而表现不同。第四，一些传染性疾病，经过疫苗注射，没有完全起到预防作用，但发病后临床症状变轻，或病原菌（毒）经过一段时间后致病力弱化。第五，饲料中预防性给药，使症状弱化。第六，发病后用药，或采取了其他治疗措施，干扰了疾病的病理过程。

**3. 推断预后** 预后是兽医做出正确诊断，并熟悉疾病发生的特点以后，对疾病的发展趋势和可能结局，做出科学的估计和推断。诊断是兽医对疾病做出的眼下的结论，而预后是对病畜的将来做出结论。预后推断结论可分良好、不良、慎重和可疑四类。

（1）预后良好 某些良性经过的疾病，病情简单且轻微，在病畜个体状况良好的情况下，有把握治愈，并不影响生产性能。

（2）预后不良 某些疾病性质严重，目前尚无有效的治疗方法（如肠变位、肠破裂、恶性肿瘤等）；某些疾病虽不致死，但严重影响生产性能或丧失生产性能。

（3）预后慎重 某些疾病的结局，依病的轻重、诊疗时机、处理方式、个体及环境变化等而有明显的不同。如急性瘤胃臌气、大失血等。

（4）预后可疑 由于资料不全，或疾病正在发展中，结局尚难推断。

推断预后必须严肃认真。它是一项极复杂的工作，要求兽医具有足够的理论知识和丰富的实践经验。除疾病本身以外，还应考虑病猪的个体特征（如年龄、营养、体质等）、用途（乳、肉）、经济价值、环境（饲养管理、气候、环境污染等）和疾病的发展情况等。

**（三）实施防治，验证诊断**

根据初步诊断制订防治措施是认识疾病的第三阶段。通过防治实践的效果，检验初步诊断。并在观察病程经过中，随时补充、修改初步诊断，达到对疾病本质的认识，以逐步得出最后的诊断。

## 六、猪群体病诊断方略

猪群体病的诊断，分四个层次或四大步骤，分别为大类归属诊断、症状鉴别诊断、病变鉴别诊断和病性论证（确认）诊断。

### （一）动物群体病大类归属诊断

当猪群中一部分、大部分乃至全部猪只同时或相继发生在临床症状和剖检病变上基本一致的疾病时，即可考虑猪群体病。猪群体病有上千种之多，可分为五大类，即传染病、侵袭病、遗传病、中毒病和营养代谢病。首先，要推测属于其中的哪一类群体病，进行大类归属诊断。猪群体病归类诊断的依据（路标）主要是：①传播方式，是水平传播、垂直传播还是不能传播；②起病和病程，是起病急、病程短，还是起病缓、病程长；③体温，是有热还是无热；④有无足够数量的肉眼可见的寄生虫存在。具体归类诊断思路（图1-1）。

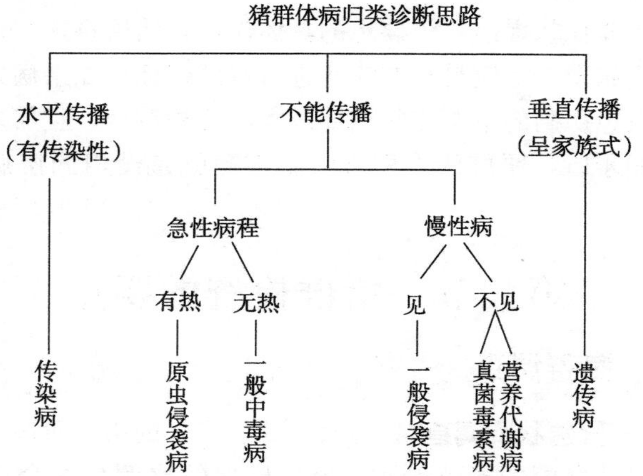

猪群体病归类诊断思路

图1-1　猪群体病归类诊断思路

### （二）猪群体病症状鉴别诊断

常用于猪群体疾病症状鉴别诊断的综合征至少有 20 个，如出血综合征、贫血综合征、溶血综合征、黄疸综合征、紫绀综合征、水肿综合征、气喘综合征、腹水综合征、呼吸困难综合征、共济失调综合征、腹泻综合征、运动障碍综合征、流产综合征、难产综合征、不孕综合征及猝死综合征等。

### （三）猪群体病病变鉴别诊断

病变鉴别诊断法和症状鉴别诊断法相辅相成，是动物疾病尤其动物群体病鉴别诊断常用的两种方法。其中，病变鉴别诊断法是兽医特有的一个法宝。常用于猪群体病鉴别诊断的病变，至少有30种，如脑炎、脑水肿、肝变性、淋巴结肿、腹腔积液、胃溃疡、急性胃肠炎等，能确定患病器官部位和形态变化特征的诊断。

### （四）猪群体病论证诊断

当病猪症状单一、病情不复杂，具有能反映某个疾病本质的特有症状，或已经出现某个疾病的典型症状时，均可应用该方法。此时应先将临床检查所得到的症状分出主要症状和次要症状，按主要症状提出一个设想的具体疾病，然后将这些症状与所提出的疾病理论上应具有的症状进行对照印证。如果病猪的主要症状与设想疾病的主要症状全部或大部分相符合，且与多数次要症状不相矛盾，便可认为病畜所患疾病就是设想的疾病而建立诊断。

# 第三节　猪群检查的要点

## 一、猪群调查

### （一）繁殖状况调查

在自然交配的养殖单元，公、母猪的比例是否合理、每头公猪的使用频率情况、人工授精配种母猪的百分比是多少、精子的操作和贮存程序是否正规，如何进行发情鉴定和妊娠鉴定、经产母猪和青年母猪的受孕比较、配种后返情率及返情时间记录等的调查。

在遗传方面要考虑患病猪间在家系或品种上有何关系。

### （二）产仔性能调查

母猪进入产房前进行清洗情况调查、诱导产仔方案实施，采取什么样的接产操作程序、母猪需要协助产仔的频率、每窝产仔总数、出生活仔数、木乃伊胎和死胎等记录数据，以及仔猪初生重和断奶体重、哺乳期是多少天等的调查。

### （三）死亡情况调查

包括猪场目前的死亡率，如果死亡状况在记录上不能全部被反映，可通过询问过去的死亡状况来获得。在生产状态中，平均死亡率和猪群各生产阶段死亡分布情况、是否存在死亡率高的季节性。猪死亡的临床症状、如何分析引起死亡原因。

### （四）暴发疾病调查

一头猪发病日龄和发病经过、猪康复状态。对受影响的猪群，调查发病率和死亡率情况，采取了什么样的治疗措施，如何评价其结果。猪群中的流行情况、最初的发病症状同后来的发病症状相同与否、疾病是变得越来越轻，还是变得越来越重。除猪之外，还有哪些动物受到影响，疾病流行是在一窝、一栏还是一栋猪舍，在疾病暴发之前有何变化，在本场以前是否有发生过该问题。

## 二、猪舍检查

在巡查畜舍时观察猪的临床症状，异常行为，空间、饲料和水的获得情况，评估环境和通风状况。同时需要巡查所有的生产环节。

作为兽医，要能与相关饲养和管理人员一起分析讨论巡查问题，巡查中，表现特殊临床症状的猪只个体所反映的信息将为把握群体的状况提供很好的参考。巡视中的讨论有助于确定治疗方案。

猪舍检查，检查产房中处于不科学管理状况和不健康猪只。同时相关人员讨论这些问题并提出预防方案。检查仔猪、架子猪和肥育猪舍在全出后要对圈舍进行彻底清洁和消毒，在全进前空舍干燥数日。通常可能观察到的问题包括：密度过高，体重差异过大（同群猪只体重差异不能超过10%），猪只精神状态，咳嗽、打喷嚏或鼻子不通气，贫血，皮肤破损，腹泻，直肠脱落或疝气。如果环境不适，还可能被观察到咬尾和咬耳；猪栏床面的卫生情况；如果太冷，猪会打寒战，如果太热，猪会在粪尿上喘气和贪睡。环境问题还包括：地面和墙壁粗糙或有破损，喂料器空间不足或堵塞，饮水器数量不足或乳头堵塞，舍内有冷风或贼风。

## 三、个体检查

### （一）猪的保定

**1. 猪的接近法**　进入猪舍时必须保持安静，避免对猪产生刺激，小心地从猪的后方或后侧方接近，用手轻挠猪的背部、腹部、腹侧或耳根；使其安静，接受诊疗。从母猪舍捕捉哺乳仔猪时，应预先用木板或栏杆将仔猪与母猪隔离，以防母猪攻击。

**2. 徒手保定法**　根据猪月龄的大小和操作的需要，采用适当的保定方法，可提高工作效率，减少动物的损伤。徒手保定法属于现场简单的猪保定方法。

**3. 简易器具保定法**　对凶猛的中型猪或大型猪常采用器具保定法。

（1）保定绳保定法　用直径1厘米、长3米左右的绳子1根，一端做一滑结环套，套在猪上颌部犬齿的后方，然后拉紧绳的另一端，随着猪的挣扎，绳与地面呈45°后猪渐变安静站立，此时可将绳拴在木桩上。

（2）鼻捻杆保定法　其原理与上述方法相同，在1米左右长的木棍的一端系一个绳套，套环直径20厘米左右，将套环套于猪的上颌犬齿的后方，迅速旋转木棍使绳套拉紧（不宜过紧，以防窒息），猪立即安静。

**4. 猪网抓猪法**　猪网的构造形状颇似足球门网，使用时将猪网放于猪栏外或门外。把门打开，猪便走进网内，然后紧缩网口。一次可捕捉数头：适用于中、小型猪的预防注射。

**（二）临床检查**

**1. 大体检查**　仔细观察猪在自由状态下的姿势、行为、营养状况、排粪情况及呼吸的节律。猪以四肢缩于囊下而伏卧，或聚堆伏卧，这是恶寒的表现。猪呈犬坐姿势，常见于肺炎、胸膜炎、贫血或心功能不全。猪的头颈歪斜或做圆圈运动（向病侧），通常见于中耳炎、内耳炎、脑脓肿或脑膜炎。

肢腿麻痹、共济失调、平衡失控、强直性或阵发性痉挛，表明神经有器质性病变或功能性损伤。病猪弓背、腿松弛及肢体位置异常（或拢于腹下，或向前伸），表明患肢有病不敢负重。

猪的正常呼吸数变动范围很大（一般每分钟 10～20 次），因而对病猪的呼吸数应与同栏健康猪进行比较加以判断，呼吸加快可由肺炎、心功能不全、胸膜炎、贫血和疼痛等引起；腹式呼吸多见于肺炎和胸膜炎。猪常咳嗽、流鼻液，表明呼吸道或肺部有炎症。

**2. 猪只粪、尿检查**　正常的猪粪为条状，呈棕黄色或深棕色，如果粪便变红、变黑或变黄，含有血液或黏液，或粪便干硬呈球状，或稀薄如水，均表明猪胃肠道异常。

**3. 测定猪的直肠体温**　猪的正常体温为 38～40℃。如果病猪普遍持续高温，可能是急性败血性传染病。如果体温不高，可能是中毒性疾病或某些慢性传染病。

**4. 检查眼结膜、鼻黏膜和口腔黏膜的颜色、分泌物、溃疡及出血斑点**　观察猪全身皮肤的颜色，有无出血斑点、丘疹、坏死灶、结痂、肿胀，尤其要注意口、鼻、腹下、股内侧、外阴和肛门部皮肤的病变。皮肤变为蓝紫色，是循环障碍（瘀血）的表现；皮肤有出血斑点，表明微血管受到损伤，可能有败血性传染病。

**5. 检查猪的心脏** 可用听诊器在左前肢肘后上方（心区）进行听诊。正常心率为每分钟 60～80 次，如果心率显著增多，心音不清，表明心脏衰弱。

### （三）病理剖检

**1. 剖检器材** 包括胶皮手套、靴子、解剖刀、骨剪、外科剪、镊子、塑料袋、装有 10％福尔马林的广口塑料瓶或玻璃瓶。

**2. 外观检查** 对死猪的眼、鼻、口、耳、肛门、皮肤和蹄进行全面的外观检查。

**3. 解剖术** 尸体解剖置死猪成背卧位，先切断肩胛骨内侧和髋关节周围的肌肉，使四肢摊开，然后沿腹壁中线进刀，向前切至下颌骨，向后到肛门，掀开皮肤，再切开剑状软骨至肛门之间的腹壁，沿左右最后肋骨切腹壁至脊柱部，这样使腹腔脏器全部暴露。此时检查腹腔脏器的位置是否正常，有无异物和寄生虫，腹膜有无粘连；腹水的容量和颜色是否正常，然后由膈处切断食管，由骨盆腔切断直肠，按肝、脾、肾、胃、肠的次序分别取出检查。胸腔脏器的取出和检查：沿季肋部切去膈膜，用刀或骨剪切断肋软骨和胸骨连接部，再把刀伸入胸腔，划断脊柱两侧和胸椎连接部的胸膜和肌肉，然后用两手按压两侧的胸壁肋骨，则肋骨和胸椎连接处的关节自行折裂而使胸腔敞开。首先检查胸腔液的量和性状，胸膜的色泽和光滑度，有无炎症或粘连，而后摘取心、肺等进行检查。

**4. 病理剖检** 尸体解剖和病理检验一般同时进行，一边解剖一边检验，以便观察到新鲜的病理变化。对实质脏器如肾、心、肺、胰、淋巴结等的检验，应先观察器官的大小光滑度及硬度，有无肿胀、结节、坏死、变性、出血、充血等，然后切成数段，观察切面的病理变化。胃肠一般放在最后检验，先看浆膜的变化，然后剪开胃和肠管，观察胃肠黏膜的病变及胃肠内容物的变化。气管、膀胱、胆囊的检查方法与胃肠相同。脑和骨只在必要时进行检验。在肉眼观察的同时，应采取小块病变组织（2～3厘米）放入盛有10%福尔马林溶液的广口瓶固定，以便进行病理组织学检查。

### （四）病料的采集与送检

病料采集的原则：病料是在进行疾病诊断或检疫时，从患病猪体采集的可供检测分析的材料样品。病料采集是否得当，直接关系到检验结果是否正确。有时对不同疾病要采集不同的样品，差异很大。采集病料时应遵循下列原则。

**1. 适时采样** 根据检测要求、检测对象和检验项目的不同，选择适当的采样时机十分重要。样品是有时间要求的，应严格按规定时间采样；有临床症状需要做病原分离的，样品必须在病初的发热期或症状典型时采；病死的猪应立即采样，最长不能超过8小时。

**2. 合理采样** 根据诊断检测要求，除严格按照规定采集各种足够数量的样品外，不同的疫病所需检测的样品有所区别，应按可能的疫病侧重采集。未能确定为何种疫病时，应全面采集。数量除满足诊断检测的需要，还应留有余地，以备必要时复检使用。

**3. 典型采样** 选取未经治疗、症状最典型或病变最明显的病例。如果有并发症，还应兼顾进行采样。

**4. 无菌采样** 采集的检验样品除供病理组织学检验外，还供病原学与血清学检验，所以必须无菌操作采样，采样用具、容器均须灭菌处理。尸体剖检需采集样品的，先采样后检查，以免人为污染样品。

**5. 样品处理** 采集的样品应一种样品一个容器，立即密封，根据样品的性状及检验要求不同，做暂时的冷藏、冷冻或其他处理。供病毒学检验的样品，数小时内要送到实验室，只做冷藏处理，超过数小时的应冻结处理。冻结方法：可将样品放入−30℃冰箱内冻结，然后再装入有大小冰块或干冰的冷藏箱内运送；也可将装入样品的容器放入隔热保温瓶内，再放入冰块，然后按100克冰块加入食盐约35克，立即将保温瓶口塞紧。供细菌学检验或血清学检验的样品冷藏送实验室即可。

**6. 安全采样** 采样过程中，须做好采样人员的安全防护，并防止病原污染，尤其必须防止外来疫病或重大疫病的扩散，避免事故发生。

**7. 样品包装** 装盛样品的容器可选择玻璃或塑料的，可以是瓶子、试管或袋子。容器必须完整无损，密封不使液体漏出。装供病原学检验样品的容器，用前应彻底清洗干净，必要时经清洁液浸泡，冲洗干净后以干烤或高压灭菌并烘干。如用塑料容器，能耐高压的经高压消毒，不能耐高压的经环氧乙烷熏蒸消毒或紫外线消毒灭菌后使用。

**8. 迅速送检** 样品经包装密封后，必须尽快送往实验室，延误送检时间会影响诊断结果。供细菌检验、寄生虫检验及血清学检验的冷藏样品，必须在 24 小时内送到实验室；供病毒检验的冷藏处理样品，须在数小时内送达实验室，经冻结的样品须在 24 小时内送到，24 小时内不能送到实验室的，需要在运送过程中保持样品处于 −20℃以下。

**（五）实验室检查**

传染病和寄生虫病都是由病原体引起，并能诱发免疫应答，故病原体和血清特异性抗体的检出，对确定诊断及进行流行病学调查具有决定性的意义。实验室检查方法有病原体检查和血清学检查。病原体检查包括显微镜检查和电镜检查、病原体的分离培养鉴定、动物和鸡胚接种试验。血清学检查是检测特异性抗体和抗原的常用方法，包括沉淀试验（含琼脂扩散试验）、凝集试验（含间接血凝试验等）、补体结合试验、中和试验、免疫荧光试验、放射免疫试验、酶联免疫吸附试验等。随着分子生物学研究的进展，目前已开始应用核酸探针、多聚酶链式反应、核酸等分子生物学技术检测猪病。

## 四、猪群疾病状态测评

　　猪场的疾病状态能通过临床症状、对死猪进行尸体检查或巡视时采集死尸材料、使用病理剖检诊断、分子生物学检测和血清学诊断等手段来测评。可以用上述手段来评价现存疾病状况及引起疾病的原因。进行尸检时，至少需要 3 头猪才能辨别疾病过程是否影响了整个猪群，发病早期未加治疗的猪是最理想的样本。用于肠道疾病诊断的送检动物必须是活体。关于疾病诊断更详细的介绍参见其他相关章节。

　　疾病控制采取的措施，包括免疫、抗生素的使用、早期断奶、分阶段养殖、后备母猪的引种。保证所有的免疫和抗生素的使用都科学合理。如果疾病得不到很好控制，要考虑调整疾病控制措施。

　　确定猪群内疾病的流行病学特征要依赖猪群一系列的血清样品检测帮助。为确定何时被动免疫已经减弱，主动免疫已经产生，需要采每一年龄段 10 头猪的血液样品检测分析。

# 第二章 猪消化系统疾病的鉴别诊断

## 第一节 猪消化系统病理特点

### 一、胃、肠溃疡

胃、肠溃疡是指胃、肠黏膜达黏膜下层甚至更深层组织坏死脱落后留下明显的组织缺损病灶。这种缺损将由病灶周围肉芽组织增生来填充，常留下不同程度的瘢痕。因此，溃疡的起因是达到较深层组织的上皮坏死。而糜烂是指黏膜表层细胞的坏死脱落，其修复完全由上皮增生来完成，不会留有瘢痕。

该病变常发生于猪等动物。一般在饲养密度过大、环境条件突然改变、幼畜断乳等情况下，动物易发生胃肠溃疡。许多疾病，如猪瘟、溃疡性肠炎等，都会见到典型的胃肠溃疡病变。

剖检：在病畜的胃底及幽门部、食管下与贲门部、回肠后部、回盲袢等部位，见有圆形、椭圆形或面积较大、不整形的组织缺损灶（即坏死组织脱落后呈现的溃疡灶），急性期溃疡常呈黑红色或深褐色，病程较久的溃疡呈灰黄色。溃疡底部粗糙不平，周边稍隆起。胃肠溃疡常伴有胃肠出血（彩图2-1），反复的胃肠出血常导致病畜贫血及出现髓外造血和脾脏肿大。溃疡不断向深部发展，可达胃肠浆膜层，甚至引起胃肠穿孔及腹膜炎。断乳幼畜常由于断乳而发生胃溃疡，称为胃蛋白酶性胃溃疡，是指胃黏膜局部被胃蛋白酶消化而发生的组织缺损，因此也称为消化性溃疡（彩图2-2）。

### 二、卡他性肠炎

卡他英语意思是"往下流"，主要是指发生在黏膜的炎症。

因此，当黏膜发生卡他性炎症时，其特征就是有大量带黏液的渗出物流出。

### （一）急性卡他性肠炎

急性卡他性肠炎是肠黏膜的一种急性炎症，其主要特征为黏膜充血并有浆液渗出和杯状细胞大量分泌黏液。常是各种肠炎的早期阶段病变。

**1. 剖检**　发炎肠段松弛。剖开肠管，见肠腔内充满灰白色或黄绿色黏液，从黏膜面轻刮去黏液，黏膜呈轻度或明显肿胀，并有弥漫性或沿皱襞条纹状潮红色（黏膜充血）（彩图 2 - 3），有些病例可见散在性斑点状出血。黏膜下淋巴小结肿胀，呈半球状或球状凸起，直径可达 2～3 厘米，呈灰白色，周围有清晰的充血性红晕。

**2. 镜检肠绒毛**　肠绒毛上皮有变性、脱落；肠腺和上皮杯状细胞显著增生并分泌黏液；黏膜固有层血管扩张充血、水肿，有时有轻度出血；在上皮及固有层常有中性粒细胞（细菌感染）、淋巴细胞（病毒感染）或嗜酸性粒细胞（变态反应或寄生虫寄生）浸润；黏膜下层有充血、水肿及炎性细胞浸润；肠腔内可见混合在一起的脱落肠绒毛及上皮细胞。

### （二）慢性卡他性肠炎

慢性卡他性肠炎是一种病程较久的慢性肠炎，多由急性卡他性肠炎迁延而致，常见于长期饲养不良、慢性感染，并继发于慢性心、肝疾病。

**1. 剖检**　肠管积气，内容物稀少，黏膜面覆盖多量灰白色黏稠的黏液，黏膜面平滑呈灰白色，有些病例因黏膜下结缔组织增生而肠壁轻度肥厚。若病程经久，增生的结缔组织收缩成瘢痕组织，此时肠壁变得菲薄，在肠黏膜面可见呈筛孔状的萎缩淋巴小结，称为慢性菲薄性或萎缩性肠炎（彩图 2 - 4）。

**2. 镜检肠绒毛**　变短或消失，肠上皮细胞变性、萎缩、脱落，肠腺数量减少，有时肠腺呈囊腔状扩张。肠黏膜下淋巴小结的淋巴细胞消失。黏膜固有层结缔组织轻度增生并有炎性细胞浸润。

## 三、出血性肠炎

出血性肠炎是一种急性肠炎，常见于急性败血性传染病（如魏氏梭菌病、仔猪痢疾等）、寄生虫病（球虫病等），以及某些化学毒物或霉菌中毒的情况下。

**1. 剖检** 肠壁水肿、增厚，严重出血病例肠浆膜下呈弥漫性或斑块状暗红色出血。剖开肠管，肠腔内存有小豆汤样甚至暗红色稀薄内容物，或在干燥的肠内容物表面沾染暗红色血丝。肠黏膜常呈弥漫性暗红色如红布状，或有斑块状暗红色出血，或有弥漫性点状出血（彩图2-5）。

**2. 镜检** 肠绒毛及上皮不同程度变性、坏死、脱落。黏膜固有层有时波及黏膜下层，甚至肠壁全层有不同量的红细胞及炎性细胞浸润，同时可见肠腔内有坏死脱落的肠绒毛及混杂其中的红细胞等。

## 四、坏死性肠炎

坏死性肠炎是指肠黏膜及黏膜肌层发生坏死的一种炎症，有时坏死波及整个肠壁。肠壁坏死性炎常伴有多量纤维蛋白渗出，而且渗出的纤维蛋白与坏死组织凝固在一起，在肠黏膜上形成一种有特异状态、不易剥离的凝固物，此称为纤维素性坏死性肠炎，又称固膜性肠炎。常见于猪瘟、猪沙门氏菌病等疾病过程中。

**1. 剖检** 发炎肠管肿胀，浆膜充血、失去光泽，严重坏死肠管外观污秽不洁且易破裂。肠腔内有时充满腐臭的污秽不洁内容物，肠黏膜肿胀充血或有出血斑点。同时可见特征性增厚稍硬隆起的坏死性凝固病灶，其表面粗糙，呈污秽不洁或不同色泽糠麸状，大小范围不一，有的为局灶状，有的呈大片弥漫性，都以黏膜下淋巴小结为中心向四周扩展。若用力剥离该病变部，可见被剥离部黏膜充血、出血、溃疡。猪瘟病例该病变常呈现特征性轮层状（称为扣状肿）。该病变多见于回肠末端、回盲袢、结肠、盲肠等部位（彩图 2-6，彩图 2-7）。

**2. 镜检**　坏死部肠黏膜表面，为嗜伊红均质状纤维蛋白与坏死组织团块，其周围组织充血、出血并有大量炎性细胞浸润。其他部位肠黏膜都有肠绒毛和上皮变性、脱落、炎性细胞浸润等炎症病变。

### 五、增生性肠炎

增生性肠炎是指肠管壁明显增厚的一种炎症。多见于慢性疾病过程中，受到病因子长期刺激的结果。如结核病、副结核病、组织胞浆菌病等病例，常见肠壁肥厚，故又称肥厚性肠炎。

**1. 剖检**　肠管粗细不均匀，肠壁明显增厚、弹性减退，肠腔变窄、缺乏内容物，肠黏膜肥厚、出现脑回样皱襞，黏膜表面常覆盖多量黄白色或橙黄色黏稠物，有些病例黏膜面可见斑点状出血。该病变多见于小肠后段和结肠（彩图 2-8）。

**2. 镜检**　肠绒毛变形、缩短，上皮细胞变性、坏死脱落，杯状细胞增多。造成肠壁增厚的成分与不同病因有关：结核、副结核分支杆菌等病原感染，主要引起肠黏膜固有层及黏膜肌层大量上皮样细胞、巨噬细胞、淋巴细胞、浆细胞增生和浸润；马肥厚性肠炎，主要是黏膜固有层及黏膜下层结缔组织增生及炎性细胞浸润；劳森菌感染（猪等动物的增生性肠炎），主要是黏膜腺大量增生，使肠黏膜增厚，同时出现黏膜表层的坏死和出血。

### 六、肝硬化

肝硬化是指大部分肝细胞由间质结缔组织取代，使肝脏变形、变硬的一种慢性病变，也称为肝纤维化。它是肝组织的一种不可逆性病变，故又称为末期肝。

## (一) 发病机制

能引起动物肝硬化的因素很多，如急性肝中毒（由农药、重金属、除草剂等引起的中毒）、药源性肝损伤、慢性肝炎、肝脏寄生虫病、肿瘤、长期肝瘀血等，都可能导致肝细胞大量坏死，并促使间质结缔组织增生。肝细胞大量坏死由狄氏隙内的伊突细胞的维生素 A 脂储存细胞产生胶原来填补。在肝脏疾病时，正常基质变异、炎性细胞释放细胞因子，以及上述致各种病因子的直接刺激，使 Ito 细胞激活，失去其原有的储存功能而变为成纤维细胞样细胞，分泌 I 型和 III 型胶原（是肝脏门脉区的主要间质胶原）。随着胶原纤维不断在肝小叶狄氏隙内沉积，肝组织不断扩大纤维化，最终导致肝硬化。

## (二) 肝硬化的病理特征

**1. 剖检** 肝脏被膜增厚，体积缩小，质地变硬，表面粗糙，常可见凹凸不平的颗粒状或结节状。切面肝小叶结构消失，常见不同走向的纤维束，胆管壁增厚清晰，若发生胆汁淤滞则肝脏染成绿褐色或污绿色（彩图 2-9）。

**2. 镜检** 肝组织间质明显增宽，纤维性结缔组织显著增多，网状纤维胶原化，时有淋巴细胞和单核细胞浸润。增生的纤维束将肝细胞分割成大小和形状不一的岛屿状，即假小叶，假小叶内肝细胞变性，一般无中央静脉，有时有偏位的中央静脉或有两个中央静脉。假小叶边缘有成堆的新生毛细胆管细胞，而很少见胆管腔。病程久长的病例，肝组织可能全部由结缔组织取代。寄生虫性肝硬化，除有以上间质结缔组织增生外，还有大量寄生虫结节，结节中心是虫体，虫体死亡后常有钙盐沉着，虫体周围有厚层结缔组织围绕，结缔组织外周有嗜酸性粒细胞及淋巴细胞等炎性细胞浸润。若是胆汁淤滞性肝硬化，除可见胆色素沉积外，还可见胆管扩张、胆汁栓形成等病变。

## 七、肝周炎

肝周炎是指肝脏被膜的炎症。常见于禽大肠杆菌病等疾病引起的浆膜炎症过程中，伴发于气囊炎、心包炎及腹膜炎。其病变特点是：肝脏肿大，肝被膜增厚，初期可见肝边缘有大量橘黄色胶冻状物附着。随病程延长，肝被膜附着一层纤维素性假膜，被膜下散在有大小不一的出血点及坏死灶。

## 八、胰腺炎

胰腺炎是指胰脏外分泌腺细胞受损，使胰消化酶（胰蛋白酶、胰脂酶、胰淀粉酶、磷脂酶等）在胰脏内消化分解胰腺组织，导致胰腺溶解坏死、出血及炎症的病理过程。

### （一）急性胰腺炎

急性胰腺炎是以胰腺水肿、出血、坏死为特征的胰腺炎，又称急性出血性胰腺坏死。患畜常表现厌食、呕吐、腹痛，以及血液、尿液中胰酶（尤其是淀粉酶、酯酶）水平升高。通常伴发胰腺内的蛋白质溶解、脂肪坏死、血管坏死出血及炎性反应。该病常见于中老龄马、猪。按其病变可分两型。

**1. 轻度自制性胰腺炎**　又称水肿性（或间质性）胰腺炎。

（1）剖检　病变多局限于胰尾部，且以胰管和十二指肠入口附近为中心，形成大小不等的坏死灶。胰腺肿大、充血、柔软，切面湿润、多汁。

（2）镜检　可见间质显著充血、水肿，有少量中性粒细胞和单核细胞浸润，胰岛和胰腺局灶性或融合性坏死，尤其是胰腺脂肪组织呈灶状坏死，坏死灶内充盈嗜伊红颗粒和团块，有时有嗜碱性钙盐颗粒沉着。

**2. 出血性坏死性胰腺炎**

（1）剖检　胰腺肿大、质脆，呈暗红色或杂斑状出血，胰小叶结构模糊、无光泽。表面和切面有灰白色、较柔软的胰腺组织坏死灶，间杂有黄白色、白垩状脂肪坏死灶，腹腔内出现含有脂肪小滴的稍混浊的血样液体。病变区与邻近组织发生纤维素性粘连。有时可见大网膜、肠系膜、腹壁上有白垩状脂肪坏死区，偶尔可见被结缔组织包裹成大小不一的液化性囊腔。

（2）镜检　特征性病变是：在胰腺实质内出现局灶性或片状凝固性坏死区，小叶间隔内有纤维素性出血性渗出物蓄积、中性粒细胞浸润及微血栓形成。病损胰腺邻近组织的脂肪及肠系膜脂肪出现坏死性炎症。

**（二）慢性胰腺炎**

慢性胰腺炎又称为慢性复发性胰腺炎，是指以胰腺呈弥漫性纤维化、体积显著缩小为特征的胰腺炎。多由急性胰腺炎迁延所致。

（1）剖检　胰脏体积显著缩小，呈现卷曲、皱缩、结节团块状，质度坚实，表面粗糙，常与周围组织粘连。断面见胰导管扩张，含有多量黏稠的炎性渗出物。有时可见钙化灶和白色、坚实的胰腺结石与假性囊肿。

（2）镜检　胰腺腺泡数量减少、体积缩小。大多数胰岛和腺泡组织被增生的结缔组织所取代，呈现纤维化结构，胰腺间质内结缔组织广泛增生。坏死的胰腺组织外周有淋巴细胞、浆细胞等炎性细胞浸润。所有胰导管有不同程度的阻塞，导管上皮萎缩、增生或鳞状上皮化。此外，肝脏出现严重的脂肪浸润，亦是该病的特征性病变之一。

# 第二节　猪消化系统常见疾病

## 一、大肠杆菌病

仔猪大肠杆菌病（colibacillosis of piglet）常表现为初生仔猪黄痢、2～4周龄仔猪白痢、断乳前后仔猪水肿病和仔猪断奶后肠炎4种病型，有时也出现大肠杆菌败血病。在此着重介绍仔猪黄痢和仔猪白痢。

**1. 仔猪黄痢** 仔猪黄痢是出生后几小时到 1 周龄仔猪的一种急性高度致死性肠道传染病,以剧烈腹泻、排出黄色或黄白色水样粪便及迅速脱水死亡为特征。

本病由产肠毒素的血清型大肠杆菌引起,已知的致病性血清型至少有 O8、O9、O45、O141 等这些菌株,一般都具有 K88、K987P 等黏着素抗原。分离自病猪的 K88 菌株都能产生热敏毒素(LT),有的还能产生耐热毒素(ST),但 K99 或 K987P 菌株都能产生 ST 而一般不产生 LT。

如果母猪初乳中缺乏对该病原菌的特异性抗体,病原菌即可在仔猪小肠黏膜上皮定殖,产生毒素,后者刺激隐窝部位肠黏膜上皮细胞分泌大量液体,同时抑制绒毛上皮细胞的吸收作用而引起剧烈水泻,导致脱水和代谢性酸碱平衡紊乱,最后虚脱死亡。

**流行病学** 病菌随母猪和病仔猪粪便排出,散布于周围环境,患病仔猪通过被污染的水源、饲料及母猪的乳头和皮肤等,经消化道感染。本病常发生于 1 周龄以内的初生仔猪,其中 1~3 日龄仔猪最易发病。同窝仔猪发病率在 90% 以上,死亡率很高,甚至全窝死亡。

**临床症状** 仔猪黄痢最急性经过的病例潜伏期短,生后 12 小时以内突然有 1~2 头表现全身衰弱,迅速死亡,甚至全窝猪不见下痢而死亡。多数病例于出生后 2~3 天相继发病,剧烈腹泻、排出黄色或黄白色水样粪便,病仔猪因严重脱水而显得干瘦,皮肤皱缩,肛门周围有黄色稀粪沾污,很快消瘦,昏迷死亡。

**病理变化** 最显著的病变是胃肠道黏膜上皮的变性和坏死。胃膨胀,胃内充满酸臭的凝乳块,胃底部黏膜潮红,部分病例有出血斑块,表面有多量黏液覆盖。镜检,胃黏膜上皮脱落,固有层水肿,有少许炎性细胞浸润;胃腺体和腺管的上皮细胞空泡变性、液化性坏死和脱落;严重者腺管仅存框架,整个腺管变成无结构的网状物。小肠，尤其是十二指肠膨胀，肠壁变薄，黏膜和浆膜充血、水肿，肠腔内充满腥臭的黄色、黄白色稀薄内容物，有时混有血液、凝乳块和气泡；空肠、回肠病变较轻，但肠内臌气很显著。大肠壁变化轻微，肠腔内也充满稀薄的内容物。镜检，肠黏膜上皮完全脱落，绒毛坦露，固有层水肿，肠腺萎缩，腺上皮细胞空泡化，严重者呈液化性坏死，变成网状的纤维素样物质。在固定良好的切片中，可见绒毛的上皮表面有成丛或成层的大肠杆菌，于绒毛固有层见有嗜中性白细胞浸润。肠系膜淋巴结充血、肿大，切面多汁。其他病变有：心、肝、肾表现有不同程度的变性和常有小的凝固性坏死灶；脾瘀血；脑充血或有小点状出血，少数病例脑实质有小液化灶。

**诊断**　根据特征性病理变化和 7 日龄以内的初生仔猪大批发病，排黄色稀粪，就可做出初步诊断；若从病死猪肠内容物和粪便中分离出致病性大肠杆菌，而且证实大多数菌株具有黏着素 K 抗原和能产生肠毒素，则可确诊。鉴别诊断方面，本病应注意和由病毒引起的猪传染性胃肠炎和流行性腹泻区别，后两者也都是传播迅速的急性肠道传染病，表现剧烈腹泻，但各种年龄的猪都可发病，常伴呕吐而仅幼猪多发死亡（彩图 2 - 10 至彩图 2 - 12）。

**2. 仔猪白痢**　仔猪白痢是 10～30 日龄仔猪多发的一种急性肠道传染病，以排泄腥臭的灰白色黏稠稀粪为特征。本病发病率高，但病死率较低。

从本病病猪分离的大肠杆菌许多菌株的血清型与引起仔猪白痢、仔猪水肿病的大肠杆菌血清型基本一致，在不同菌株中较常见的是 O8、K88 血清型。而且，这些菌株在试验感染时其毒力和致病力也有颇大差别。因此认为，仔猪白痢的原发性病原不一定都是大肠杆菌。事实上，在仔猪患白痢病时肠内容物中正常肠道菌群特别是乳酸杆菌大幅度减少，而致病性大肠杆菌数量则明显增多。本病发生腹泻的机制是，一方面有肠毒素所致分泌性腹泻，另一方面有因炎症促进液体从肠壁向肠腔渗出，以及肠蠕动增强导致肠内容物通过肠管加快。在这些条件下，食糜中的大量脂肪被向后推移，与大肠腔内的碱性离子（钙、镁、钠、钾）结合，成为灰白色的脂肪酸皂化物而使粪便变成灰白色，因此在临床上表现为白痢。

**流行病学** 仔猪白痢的传染源和传播途径同仔猪黄痢，最易发生于 2～3 周龄仔猪，1 月龄以上的猪很少发生，一窝仔猪发病率可达 30%～80%，病死率较低。同窝仔猪发病有先有后，拖延时间较长。

**临床症状** 仔猪白痢仔猪突然发病，排出乳白色或灰白色的糊状便，味腥臭。病程 2～3 天，长的约 1 周，绝大部分猪可自行康复。

**病理变化** 尸体因脱水而消瘦，肛门和尾、股部常有灰白色稀粪沾污。胃内有凝乳块，幽门部黏膜轻度潮红。小肠黏膜呈充血而潮红，肠壁淋巴结增大，肠腔内有黄白色至灰白色黏性的稀薄内容物，混有气体，放腥臭气味。镜检，小肠绒毛上皮细胞高度水肿，固有层充血，无明显炎症浸润。肠系膜淋巴结潮红肿大。病期久者，表现胃肠空虚，具轻度卡他性炎症，肠壁薄而显得透明。心、肝、肾可能发生变性，其他器官无明显变化（彩图 2 - 13）。

## 二、仔猪红痢

本病又名仔猪梭菌性肠炎，为新生仔猪的肠道传染病，以排红色粪便及肠黏膜坏死为特征，因此又称猪传染性坏死性肠炎。仔猪感染后很快死亡，病程短，致死率高，尤其卫生条件不良的猪场，发病较多，危害性较大。

病原体是 C 型魏氏梭菌，本菌广泛存在于自然界，尤其是动物粪便和土壤中，新生仔猪通过哺乳、舔吮而食入本菌的芽孢，但其致病因子是该细菌产生的毒素，芽孢在肠道内繁殖和产生毒素，毒素被吸收后引起中毒。因此它是一种肠毒血症。

**流行病学**　主要发生于1～3日龄的初生仔猪，1周龄以上仔猪很少发病。产仔季节猪群中一旦发生本病，常可不断发生，但各窝发病率相差很大，有的全窝发病，有的仅有少数仔猪发病。

**临床症状**　病仔猪精神沉郁，食欲废绝，排血便，有的呈灰黄色，有的含有坏死组织碎片，粪便恶臭，常含有小气泡，很快出现脱水。病程急剧，常于2～3天内死亡。慢性病例，呈间歇性或持续性腹泻（持续1周左右），排灰黄色、带黏液的稀便。对仔猪的生长有明显的影响。

**病理变化**　病变常限于小肠和肠系膜淋巴结，尤以空肠的变化最明显。最急性病例，空肠呈暗红色，肠腔内充满血样内容物，腹腔内有较多的红色腹水，肠系膜淋巴结呈鲜红色。病程稍缓慢的病例，肠黏膜坏死变化严重，而出血较轻，肠黏膜呈黄色或灰色，附有假膜。在黏膜下层、肌层及肠系膜淋巴结等处见有小气泡。

**诊断**　根据上述特点，可以做出诊断。为了进一步确诊，应采取死亡不久的急性病猪空肠内容物或腹水，利用小鼠做毒素检查，如接种小鼠迅速死亡，则可确诊为本病。

## 三、仔猪副伤寒

仔猪副伤寒又称猪沙门氏菌病，是由猪霍乱沙门氏菌和伤寒沙门氏菌引起的一种仔猪传染病。急性型呈败血症变化；慢性型在大肠发生弥漫性纤维素性坏死性肠炎，临床表现为慢性下痢。

**流行病学**　病猪和健康带菌猪是主要的传染源。本病一年四季都可发生，但以多雨潮湿季节发病较多，常发生于2～4月龄的仔猪，6月龄以上的猪较少发生，多呈散发形式。在饲养密度过大、环境污秽、潮湿、应激等条件下可导致本病流行，常和猪瘟混合感染（并发或继发）。

**临床症状**　本病以急性败血症或慢性坏死性肠炎呈顽固性下痢为特征。急性败血型较少见，以发热，呼吸迫促和耳、四肢、下腹部出现紫红色出血性斑点为主要特征，有时后躯麻痹，排黏液血性痢便或便秘，经 1～4 天死亡；亚急性和慢性多见，病猪常呈持续性下痢，粪便呈灰白色、黄绿色、水样、恶臭，食欲下降，被毛失去光泽，有的猪在几周内可反复发病 2～3 次，有的可能发生并发或继发感染肺炎，出现咳嗽症状，如不及时治疗将成为僵猪。

**病理变化**　急性病例全身淋巴结有不同程度的肿大，呈弥漫性出血或周边出血。特别是颌下、腹股沟淋巴结出血严重。脾脏肿大，呈暗紫红色或黑蓝色，硬度似橡皮，有的见有灰黄色坏死灶。胃肠黏膜出血，肝、肾、心外膜出血；亚急性或慢性病例特征性病变是盲肠、结肠、回肠呈坏死性肠炎、糜烂，盲肠表面覆一层麸皮样坏死。肝、脾及肠系膜淋巴结常可见到针尖大的灰黄色坏死灶或灰白色结节。肺常见有卡他性肺炎或灰黄色干酪样结节（彩图 2-14，彩图 2-15）。

## 四、猪痢疾

猪痢疾是猪的肠道传染病。其特征为大肠黏膜发生卡他性出血性炎症，进而发展为纤维素性坏死性肠炎，在临床上表现为黏液性或黏液出血性下痢。本病最早发现于美国，目前已遍及世界各主要养猪国家。

**流行病学**　原发性病原体是猪痢疾密螺旋体，而肠道内的其他微生物也参与本病的致病作用。确切地说，猪痢疾是猪痢疾密螺旋体与肠道内特定的厌氧菌相互作用的结果。野鼠也是不可忽视的传染媒介。各种年龄和品种的猪都有易感性，以 7～12 周龄的幼猪发生最多。断乳仔猪的发病率可达 90％左右，其病死率一般为 30％左右。该病的发生无季节性。猪场一旦发生本病，可常年持续不断地发生，在各种应激因素（如阴雨潮湿、饲养管理不良、拥挤、气候骤变等）的影响下，都可促进本病的发生和流行。

**临床症状**　常见的症状是有不同程度的腹泻。体温升高达40～41℃，大多数病猪初排黄色或灰色的软便，减食。不久，粪便中含有大量黏液和血丝。随着腹泻的发展，粪便成水样，混有血液、黏液及黏膜，使粪便成油脂样或胶冻状，粪便呈棕色、红色或黑红色，病猪拱背吊腹，渴欲增加，迅速消瘦，终因脱水、衰弱而死。转为慢性时，病猪表现时轻时重的黏液出血性下痢，生长发育受阻，常呈恶病质状态。部分痊愈猪易复发。

**病理变化**　病变主要在大肠（结肠、盲肠），急性病例的大肠壁及肠系膜发生充血和水肿，随着病程的发展，炎症加重，由黏液出血性炎症发展为出血性纤维素性炎症，此种炎症系黏膜表层的坏死。肠内容物中混有多量黏液和坏死组织碎片（彩图2-16）。

**诊断**　通常根据上述三方面的特点，可以做出初步诊断。最后确诊，必须做细菌学检查。

## 五、猪传染性胃肠炎

猪传染性胃肠炎〔transmissible gastroenteritis（TGE）of pigs〕是由冠状病毒引起的一种高度接触性传染病，又称仔猪胃肠炎。对10日龄以内的仔猪特别敏感，死亡率接近100%，较大的仔猪感染后通常可以康复，成年猪发病轻微或不明显。常流行于寒冷季节。临床上主要表现呕吐、严重腹泻和脱水，剖检时见胃肠卡他。本病呈世界性分布，我国近年来在大型规模猪场屡有发生。

**流行病学**　TGE病毒主要感染猪。本病病原是典型的冠状病毒，存在于病猪的各器官、体液和排泄物中。传染性肠胃炎是猪的一种急性传染病，传播迅速，各年龄猪均可感染发病，多发于冬春寒冷季节，主要通过食入被污染的饲料或污水而感染发病。

**临床症状**　猪传染性胃肠炎潜伏期很短，一般为 15～18 小时，有的延长 2～4 天，流行时以大、小猪水样腹泻为特征。哺乳仔猪突然发病，首先表现呕吐，继而发生频繁水样腹泻，粪便为黄绿色、灰色，有时白色，常夹有未消化的凝乳块。病猪极度口渴，明显脱水，体重迅速减轻，日龄越小，病程越短，病死率也越高，10 日龄以内仔猪多在 2～7 天内死亡。

**病理变化**　TGE 病死仔猪做尸体剖检时，呈现尸体脱水，全身循环障碍，胃内积存凝乳血块。肠腔积液明显，肠壁薄，几乎透明，肠系膜淋巴结肿胀。特征病变是肠系膜淋巴管内缺少乳糜和用放大镜检查可见空肠绒毛短缩。组织学检查有证病性意义的病变是空肠绒毛萎缩，肠黏膜皱褶减少，黏膜柱状上皮被扁平或立方上皮所替代。病程稍长的病例，有时可见肾病和肝实质细胞变性，胃肠有严重的炎症。肾呈现近曲小管扩张、管腔充填蛋白管型和上皮细胞玻璃滴状变性。胃肠黏膜水肿、充血和白细胞浸润。试验病例尚见有脾脏和淋巴结的网状内皮细胞增生，淋巴细胞消失（彩图 2 - 17，彩图 2 - 18）。

**诊断**　本病可根据临床症状、流行病学和病理变化，做综合性诊断，但确诊需做病原学与血清学检测。本病与其他消化道疾病的区别在于：①迅速传播感染各种年龄的猪。②抗生素治疗无效。③只有幼龄仔猪死亡率高，年龄较大的猪可迅速康复。④缺乏皮肤病变、神经症状和流产、死产等症状。

## 六、猪流行性腹泻

猪流行性腹泻（porcine epidenlic diarrhea，PED）是由流行性腹泻病毒（PEDV）引起的一种猪胃肠道传染病。以水样泻、呕吐和脱水为特征。又称流行性病毒性腹泻（EVD）。本病在我国流行严重，主要发生于冬季，大小猪均可感染，仔猪死亡率达 50%。

**流行病学**　本病发生在冬末春初寒冷季节，以 11 月至翌年

3月间发生较多。各龄猪都可感染，其发病率和病死率随猪龄的增长而下降，1～5日龄哺乳仔猪感染率最高，症状严重，病死率也最高，几乎100%；断乳猪、育肥猪、种猪症状轻微，病死率很低或无病死者。本病传播迅速，尤其猪只密集的猪场，常数日内波及全群。

**临床症状**　哺乳仔猪日龄越小，症状越重。病初体温稍升高或正常，精神沉郁，食欲减少，继而排水样便，呈灰黄色或灰色，粪便恶臭。有的吮乳后呕吐，呕吐物含有凝固乳块。病猪很快消瘦，后期粪水自肛门流出，污染臀部及尾。不食，不愿走动，伏卧于地，不断颤抖，通常于2～4天内因脱水而死亡。断乳猪、育肥猪及母猪全身症状轻微，有的吃食后不久呕吐。病猪排粥状或水样稀便，持续4～6天后自愈。

**病理变化**　眼观病变只见胃内积有黄白色凝乳块，小肠扩张，肠内充满黄色液体，肠壁薄、呈透明状。肠系膜充血，肠系膜淋巴结肿胀。组织学检查，在接种病毒18～24小时后，小肠绒毛上皮细胞胞质内有空泡形成并散在脱落。这与临床腹泻症状出现相一致。此后，绒毛开始短缩、融合，上皮细胞变性、坏死。在短缩的肠绒毛表面被覆一层扁平上皮细胞，其边缘发育不全，部分绒毛端上皮细胞脱落，基底膜裸露，固有层水肿。组织化学研究证明，小肠黏膜上皮细胞的酶活性大幅度降低。病变部位以空肠中部最显著。这些都与猪传染性胃肠炎的病变相似。小肠绒毛短缩情况，其绒毛长与肠腺的比值从正常的7：1下降到约3：1（彩图2-19，彩图2-20）。

## 七、猪轮状病毒感染

猪轮状病毒病是由猪轮状病毒引起的猪急性肠道传染病，仔猪的主要症状为厌食、呕吐、下痢，中猪和大猪为隐性感染或没有症状。轮状病毒对外界环境的抵抗力较强，在18～20℃的粪便和乳汁中，能存活7～9个月。

**流行病学**　轮状病毒感染主要是多种幼龄动物的一种急性肠道传染病，以腹泻和脱水为特征，成年动物呈隐性经过。猪轮状病毒感染呈地方性流行。在疫区由于大多数成年猪都已感染过而获得了免疫，所以患病的多是 8 周龄以内的仔猪。发病率一般为 50%～80%，病死率一般为 10%～30%。

**临床症状**　潜伏期为 12～24 小时。病初精神沉郁，食欲下降，不愿走动，有些仔猪吃奶后发生呕吐，继而腹泻，粪便呈黄色、灰色或黑色，水样或糊状，腹泻越久，脱水越明显。症状的轻重决定于发病猪的日龄、免疫状态和环境条件，缺乏母源抗体保护的刚出生几天的仔猪症状最重，环境温度下降或继发大肠杆菌病时，常使症状加重，病死率增高。

**病理变化**　此病病变主要限于消化道。胃壁弛缓，内充满凝乳块和乳汁，小肠肠壁薄、半透明，内容物呈液状，灰黄色或灰黑色，小肠绒毛缩短（彩图 2-21）。

**诊断**　根据突然发生水样腹泻，发病率高和病变集中在消化道等特征可以初步诊断。要注意与相似的疫病（仔猪黄痢、仔猪白痢、猪传染性胃肠炎及流行性腹泻等）做区别诊断。必要时送实验室化验。

## 八、猪德尔塔冠状病毒病

猪德尔塔冠状病毒（porcine deltacoronavirus，PDCoV）是 2012 年新发现的一种感染猪的冠状病毒。冠状病毒分为 $\alpha$、$\beta$、$\gamma$、$\delta$ 等 4 个冠状病毒属，其中 $\delta$ 冠状病毒最早在 2007 年从中国白鼬獾和亚洲豹猫中检测出，该类冠状病毒基因组大小为 26 396～26 552 nt，是已知最小的冠状病毒。

2014 年年初，美国俄亥俄州的猪场暴发大面积的仔猪流行性腹泻，腹泻症状以呕吐、水样腹泻、脱水和食欲下降为基本特征，经检测为 PDCoV 阳性。随后，在韩国、加拿大猪只粪便样品中也检测到了 PDCoV。我国于 2014 年首次报道检测到该病毒，迄今多个省市地区已检测到 PDCoV 感染。目前，PDCoV 在我国有些地区呈流行趋势，给猪场疾病的防控带来了困难，同时造成一定的经济损失。

**临床症状** 猪德尔塔冠状病毒病与猪流行性腹泻和猪传染性胃肠炎等造成的临床症状极为相似，只是程度轻微一些，临床上难以区分。该病的主要临床症状为呕吐、水样腹泻、脱水和食欲下降，各年龄段的猪群均易感，但主要引起新生仔猪的腹泻。仔猪一旦感染常发病突然、传播迅速，一般持续腹泻 3～4 天后会因脱水而死，病死率为 30%～40%，但有时可高达 100%。生长猪、成年猪及生产母猪虽然发病轻微，一般可不治自愈，死亡率较低。猪德尔塔冠状病毒除了引发腹泻症状外，还可引起感染猪的肺炎。

**病理变化** 通过对自然感染和试验感染的仔猪进行病理组织学检查发现，发病猪胃肠道上皮均存在不同程度的损伤。感染仔猪的胃、肠可见小凹和小肠上皮细胞变性、坏死，继而导致绒毛严重萎缩。病理剖检结果显示，病猪肠壁变薄、松弛，盲肠、结肠扩张，肠腔内充满黄色液体，胃和小肠内有未消化的凝乳块，严重者还可观察到腹腔、胸腔积水，胸腺萎缩。小肠黏膜充血、出血，肠系膜呈索状充血等，有时肺脏也会出现明显的病变。

**诊断方法** 猪德尔塔冠状病毒病的症状与其他引起猪只腹泻的病毒或细菌的临床症状极为相似，且猪只一旦发生腹泻常伴随混合感染与继发感染，确诊需进行实验室诊断。目前，常用的实验室诊断方法有病原学检测和抗体检测。病原学检测方法：病毒分离培养与鉴定，免疫电镜观察（IEM）、间接免疫荧光检测法（IFA）、普通 RT－PCR、巢式 RT－PCR、荧光定量 RT－PCR、免疫组织化学分析法（ICH）、原位杂交法。其中，免疫组织化学分析法（ICH）与原位杂交法经常用于检测组织中的德尔塔冠状病毒。抗体检测方法：ELISA 酶联免疫吸附试验法（ELISA）、免疫荧光技术等。

目前，还没有研发出预防猪德尔塔冠状病毒感染的疫苗。主要以提高机体的免疫力与抗病力预防此病。

## 九、猪鞭虫病

本病又名猪毛首线虫，分布很广，对仔猪危害较大，严重者可引起大批死亡。

**虫体特征与生活史**　猪毛首线虫寄生于猪盲肠内，虫体的头部深入黏膜内，引起盲肠和结肠的卡他性炎症。虫体形态与生活史和牛羊毛首线虫相似（参阅牛羊鞭虫病）。猪吞食感染性虫卵后，经 30～40 天发育为成虫，成虫寿命为 4～5 个月。

**临床症状**　严重感染时，虫体布满盲肠黏膜，虫体吸血而损伤肠黏膜，引起消瘦、贫血，顽固性下痢，粪中带血和脱落的黏膜。可引起断奶期仔猪死亡。

**病理变化**　死后剖检可见盲肠、结肠黏膜有出血性坏死、水肿和溃疡，并附着有大量的虫体（彩图 2-22）。

**诊断**　实验室检查生前诊断用饱和盐水浮集法检查虫卵，虫卵形态与牛羊毛首线虫卵相似，极易识别。

## 十、猪球虫病

本病是由艾美耳科艾美耳属和等孢属的球虫寄生于猪肠道上皮细胞而引起的寄生虫病。引起仔猪下痢和增重降低，成年猪常为隐性感染或带虫者。猪等孢球虫是致病力最强的一种。猪等孢球虫的生活史与艾美耳球虫的生活史相似。猪吞食了含孢子化卵囊后被感染，其内生阶段主要寄生于宿主回肠绒毛上皮细胞，经过 1～2 代裂殖子生殖后形成大配子母细胞和小配子母细胞，成熟的大小配子经配子生殖形成合子，合子在其周围形成一层壁，成为卵囊，排出体外后进行孢子生殖。

**主要症状**　猪等孢球虫感染以水样或脂样的腹泻为特征，多发生于 7～10 日龄哺乳仔猪，排泄物恶臭、淡黄或白色，病猪表现为衰弱、脱水、发育迟缓，甚至死亡。感染艾美耳属的球虫后，成年猪通常很少表现出临床症状；但在 1～3 月龄的仔猪可发生腹泻；此外在弱猪群中出现食欲下降、腹泻、下痢与便秘交替等临床症状，一般持续 7～10 天。病猪一般能自行耐过逐渐恢复。

**病理变化**　病变局限在空肠和回肠，以绒毛萎缩和变钝、局灶性溃疡、纤维素性坏死性肠炎为特征，并在上皮细胞内可发现不同发育阶段的虫体。

**诊断**　用漂浮法检查随粪便排出的卵囊，根据他们的形态、大小和经培养后的孢子化特征来鉴别种类。对于急性感染或死亡猪，诊断必须依据小肠涂片或组织切片，发现球虫的发育阶段虫体即可确诊。

## 十一、猪增生性肠炎

猪增生性肠炎也称猪增生性肠病。病原是专性胞内寄生的劳森菌（lawsonia intracelluaris，LI）。该菌是一种厌氧菌，主要生长于肠黏膜细胞中。也可称其为坏死性肠炎、增生性出血性肠病、局部性肠炎、回肠末端炎、猪肠腺瘤。该病是一种在急性和慢性病例中表现出不同临床症状的疾病群，但在尸体解剖时均可以发现相同的肉眼可见的病理变化，即小肠和结肠黏膜增厚。本病在我国内地也已证实存在。

**流行病学**　哺乳仔猪和早期离乳仔猪不出现此病。该病常见于无特定病原（SPF）猪场和疾病较少的猪场；常发生于 6～20 周龄的生长育成猪，发病率为 5%～25%，偶尔高达 40%。死亡率一般为 10%，有时达 40%～50%；有时也发生于刚断乳的仔猪和成年公、母猪。该病要是经口感染，粪便带菌长达 10 周。病猪和带菌猪及其排泄物是主要的传染源。鸟类、鼠类在该病的传播过程中起重要作用。饲养管理发生改变，如转栏、换料、停药等及环境温度突然变化、应激等均可成为本病的诱因。

**临床症状**　用该菌口服接种断奶乳仔猪时，潜伏期 2～3 周。该病在临床上主要可分为以下 3 个型。

（1）急性型　较少见，多发于 4～12 月龄的成年猪，主要症状为血色水样下痢；病程稍长时，排沥青样黑色粪便或血样粪便，并突然死亡；后期转为黄色稀粪；也有突然死亡仅见皮肤苍白而无粪便异常的病例；育成舍内的发病率可高达 40%。

（2）慢性型　本型最常见，多发于 6～12 周龄的生长猪，10%～15% 的猪只出现临床症状，主要表现为：食欲减退或废绝；病猪精神沉郁或昏睡；出现间歇性下痢，粪便变软、变稀而呈糊状或水样，颜色较深，有时混有血液或坏死组织屑片；病猪消瘦、背毛粗刚、弓背弯腰，有的站立不稳，生长发育不良；病程长者可出现皮肤苍白；如果没有继发感染，有些猪于发病后 4～6 周可康复；但有些猪则成为僵猪而被淘汰；该病死亡率不超过 5%～10%。

（3）亚临床型　感染猪虽有病原体存在，却无明显的临床症状；也可能发生轻微下痢，但并不引起人们注意；生长速度和饲料利用率明显下降。

**病理变化**　患有慢性增生性肠炎的青年猪，最常见的病变部位于小肠末端 50 厘米处，以及邻近结肠上 1/3 处，并可形成不同程度的增生变化，但都可以见到病变部位的肠壁增厚，肠管直径增加。急性出血性以肠道严重出血为主，同时有潜在的慢性病理变化。出血伴随广泛的坏死、上皮细胞变性脱落和毛细血管壁渗漏（彩图 2 - 23）。

**实验室检查**　目前，已研究出一种利用免疫荧光抗体法进行快速检测的诊断方法，该法操作简便，可在一般的实验室完成。国内，黄硫茂等用一对引物也成功扩增出劳森菌 DNA 的特异性片段。这对我国增生性肠炎的诊断和研究的发展具有重要意义。当然，由于这些方法需要特殊的试剂和设备，而且价格昂贵，并不适合我国的国情。所以，需要加快诊断方法和诊断试剂盒研制速度。

## 十二、猪结节虫病

本病又名猪食道口线虫病，遍布全国各地。寄生于猪大肠内的食道口线虫有 3 种：有齿食道口线虫、长尾食道口线虫及短尾食道口线虫。

**虫体特征与生活史**　虫卵在外界发育为感染性幼虫，经口进入猪大肠。大部分幼虫在肠道黏膜下形成大小为 1～6 毫米的结节。初次感染很少发生结节，感染 3～4 次后，结节大量发生，这是黏膜产生免疫力的表现。幼虫在结节内脱皮 1 次后返回大肠肠腔，再脱皮 1 次，发育为成虫。

**临床症状**　患猪表现腹部疼痛，不食，腹泻，日见消瘦和贫血。

**病理变化**　大量感染时，肠壁增厚有大量结节，结节破溃后成溃疡，造成顽固性结肠炎（彩图 2 - 24）。

**诊断**　可用饱和盐水浮集法检查粪便有无猪结节虫卵或发现自然排出的虫体即可确诊，必要时可进行诊断性驱虫。应用敌百虫、左旋唑、康苯咪唑（异丙苯咪唑）、噻嘧啶或伊维菌素驱虫，均有良好效果。

## 十三、猪绦虫病

本病在我国分布很广，猪绦虫也可寄生于人，也是一种人兽共患的寄生虫病。

**虫体特征与生活史**　克氏假裸头绦虫（曾误称盛氏许壳绦虫）寄生于猪的小肠内，也可寄生于人。虫体呈乳白色，扁平带状，全长 100～160 厘米，由约 2 000 个节片组成，节片宽均大于长，最大宽约 1 厘米。已证实我国克氏假裸头绦虫的中间宿主为褐蜉金龟等鞘翅目甲虫。褐蜉金龟为食粪性甲虫，它在泥土结构的猪圈和畜禽粪堆中广泛存在。通过人工感染试验证实，粮食害虫——赤拟谷盗也可作为它的中间宿主。

**临床症状**　本病对幼猪危害较大，呈现毛焦、消瘦、生长发育迟缓，严重时可引起肠道梗阻。

**病理变化**　剖检可见小肠肠管内有绦虫虫体，肠黏膜水肿、潮红并有出血斑点。

**诊断**　生前诊断可根据粪检发现孕节或虫卵便可确诊。虫卵为棕色、圆形，内含明显的六钩蚴。虫卵特征是卵壳表面布满大小均匀的球状突起，卵壳外缘呈波纹状花纹。死后诊断可根据剖检在小肠内找到虫体而确诊（彩图 2-25）。

## 十四、猪小袋纤毛虫病

猪小袋纤毛虫病流行于饲养管理较差的猪场，常与猪瘟、沙门氏菌病等传染病并发，多见于仔猪，人也可感染结肠小袋纤毛虫。

**虫体特征与生活史**　本病的病原为结肠小袋纤毛虫，主要寄生于结肠，其次为直肠和盲肠。在其发育过程中有滋养体和包囊两种形态。滋养体呈椭圆形、灰绿色，虫体内有一肾形的大核和一小核，虫体能以较快速度旋转向前运动。包囊呈圆形或椭圆形，囊皮较厚而透明，新形成的包囊内可清晰见到滋养体在囊内活动，但不久即变成一团颗粒状的细胞质。

猪吞食了被包囊污染的饮水或饲料后，囊壁在肠内被消化，转变为滋养体，以肠内的淀粉、肠壁细菌等为营养物质。一般情况下，结肠小袋纤毛虫为共生者，仅在宿主消化功能紊乱或肠黏膜有损伤时，虫体才趁机侵入肠组织，引起溃疡。虫体以横二分裂进行繁殖；部分滋养体变圆，分泌形成坚韧的囊壁，包围虫体，成为包囊，随宿主粪便排出体外。包囊抵抗力较强，常温能存活 20 天，-6～28℃能存活 100 天。

**临床症状**　仔猪精神沉郁，喜躺卧，体温有时升高，食欲减退或废绝，腹泻，带有黏膜碎片和血液，有恶臭。成年猪除粪便附有血液和黏液外，一般无症状。

**病理变化**　在结肠和直肠上可发现溃疡肠炎病变，并可检查出虫体，黏膜上的虫体比肠内容物中多（彩图2-26，彩图2-27）。

**诊断**　实验室检查可采取反复水洗沉淀法检查粪便，急性期粪内有大量的滋养体，慢性期粪内有大量的包囊。

## 十五、猪蛔虫病

猪蛔虫病是由猪蛔虫寄生于猪小肠内引起的一种常见的线虫病，广泛散布于各地，几乎每个猪场都有本病的存在，尤以幼龄小猪的感染率和发病率很高。使幼猪生长发育迟滞并常引起死亡。蛔虫是大型线虫，虫体呈乳白色、长而圆、像蚯蚓，表面光滑。

**流行病学**　本病广泛地散布于猪场内，仔猪多因带虫母猪给乳而被感染，本病没有明显的季节性，但以10—12月感染率最高，主要见于2～6月龄的幼猪，成年猪呈隐性感染。

**临床症状**　当幼虫移行到肺脏时，常表现咳嗽、体温升高、呼吸促迫、食欲减退、精神沉郁、卧地不起。当成虫在肠内寄生期间，病猪逐渐消瘦，被毛粗糙，生长发育停滞，反复出现胃肠疾病（下痢便秘交替发作、异嗜、呕吐等）。小肠内大量虫体寄生时，虫体扭结成团使肠管堵塞，以后因肠管局部麻醉而继发肠扭结、肠套叠，严重时可引起肠管破裂，形成腹膜炎而导致死亡。当幼虫移行到肝脏和胆管时，可引起肝出血、坏死、胆管堵塞，最后形成白斑肝并引起黄疸和腹痛症状。

少数病例由于大量蛔虫分泌毒素，引起机体中毒而发生兴奋、磨牙、痉挛、角弓反张等神经症状和过敏症（荨麻疹）。

**诊断**　当猪排出蛔虫时即可确诊。对病死猪剖检时由肠内发现大量虫体便可确诊。有条件的生前可进行粪便检查，粪便检查时常采用直接涂抹法或饱和盐水浮集法。

一些病例肠道内未发现虫体，可进行肺脏检查，以确定是否感染初期发生蛔虫性肺炎而死亡。

# 第三节　引起猪腹泻症状的疾病鉴别诊断

腹泻是指排粪次数增多，粪便稀薄如粥样、糊状或水样，尤其是仔猪最常见的症状之一。腹泻的病因很多，发生机制十分复杂，轻者影响仔猪生长发育、成猪生产性能，严重者可引起死亡。

## 一、腹泻的原因分类

**1. 肠道运动机能亢进**　由于肠道蠕动亢进，导致内容物停留时间缩短，未被充分消化和吸收而导致腹泻。

**2. 肠黏膜分泌机能旺盛**　某些感染细菌产生外毒素，刺激肠黏膜内的腺苷酸环化酶，促使环磷酸腺苷（cAMP）产生过量，引起大量水和电解质分泌到肠腔而导致腹泻。

**3. 渗出性腹泻**　由于肠道黏膜炎症、溃疡或浸润性病变，导致内容物渗透压增高，使血浆渗出积聚在肠腔而导致腹泻。

**4. 吸收不良**　由于肠黏膜的吸收面积减少或吸收障碍，如寄生虫对肠黏膜的机械性破坏。

## 二、猪群腹泻症状的鉴别思路

### （一）首先根据病史和临床症状确定病因

由细菌感染引起的腹泻，一般发病急，有发热症状、群发；由寄生虫侵袭引起的腹泻发病较缓、群发，但无水平传染性，通常无发热症状；由中毒引起的腹泻多突然发病、病情严重、无发热症状；营养性腹泻多发生于仔猪，发病缓慢、病程长，还有营养缺乏的其他症状（图2-1）。

### （二）粪便性状特征

（1）粪便中含有未消化的凝乳块或饲料残渣，提示牙齿疾病、消化不良或过食。

（2）粪便如水样，量多而排出迅猛，多见于急性肠卡他、急

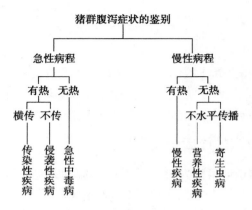

图 2-1 猪群腹泻症状的鉴别路线

性胃肠炎。

（3）粪便中混有黏液、血液、脓汁和脱落的肠黏膜，提示细菌感染性腹泻。

（4）粪便中有孕卵节片，见于绦虫病。

（5）粪便系灰白色或黄白色的膜状管型或圆管状黏液膜，提示黏液膜性肠炎。

（6）粪便呈绿色或蓝色，常见于铜中毒。

（7）粪便如水样，量多，混有血液，呈暗褐色，提示冬痢。

（8）一般腹泻治疗无效，而后突然排出大量鲜血水样或浆样粪便，腥臭难闻者，提示白色念珠菌与烟曲霉菌双重感染。

### （三）实验室检查

要善于应用实验室检查，以确定引起腹泻的具体疾病。根据病史和临床症状以确定实验室检查项目，可进行粪便检查、血液学检查、血液生化分析、血清学试验、微生物学检查、饲料和胃肠内容物的毒物分析猪群腹泻症状的鉴别思路。

## 三、引起猪腹泻的疾病归类

引起猪腹泻的疾病有传染病、寄生虫病、中毒病、营养代谢病四大类，还包括消化不良的内科病。现就引起猪腹泻的四大类疾病归类如下（图2-2）。

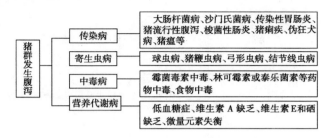

图2-2 引起猪腹泻的疾病归类

## 四、引起哺乳仔猪腹泻的疾病流行情况比较

哺乳仔猪腹泻的原因复杂，因为有母猪健康状况和饲养环境的影响。哺乳仔猪腹泻的诊断应尽可能地多收集资料综合分析比较，收集资料内容包括发病时间、发病率、死亡率、临床症状、粪便特征、病程经过和其他症状。其疾病流行情况比较见表2-1。

表2-1 引起哺乳仔猪腹泻的疾病流行情况比较

| 疾病 | 发病时间 | 发病率 | 死亡率 | 临床症状 | 粪便特征 | 病程经过 | 其他猪症状 |
|---|---|---|---|---|---|---|---|
| 大肠杆菌病 | 任何季节和时间，冬季寒冷潮湿和夏季湿热仔猪多发 | 通常中等，典型为整窝感染，邻窝正常 | 不一，中等 | 脱水，腹部苍白，尾部可能有坏死 | 黄白色，水样有气泡，恶臭，pH7~8 | 渐进、缓慢传染全舍，后产仔发病较先产严重 | 初产窝仔猪比经产窝严重 |
| 沙门氏菌病 | 3周龄以上 | | | 败血症 | 黏液带血 | | |
| 传染性胃肠炎 | 寒冷季节，1日龄以上，各种年龄可同时发生 | 接近100% | 1周龄以下100%，4周龄以上很少死亡 | 呕吐、脱水 | 黄白色或浅绿色水样有味，pH6~7 | 母猪通常不发病，哺乳仔猪可能腹泻 | 整窝散发，慢性经过 |

（续）

| 疾病 | 发病时间 | 发病率 | 死亡率 | 临床症状 | 粪便特征 | 病程经过 | 其他猪症状 |
|---|---|---|---|---|---|---|---|
| 猪流行性腹泻 | 任何年龄 | 不一，但通常高 | 中度 | 呕吐、脱水 | 水样 | 暴发，快速传播 | 较大猪可见严重的症状 |
| 球虫病 | 5日龄内不发病，常见于6～15日龄 | 不一 | 通常低 | 体瘦、被毛粗、体重轻 | 黄灰色糊状或水样、恶臭pH7～8 | 传染慢，逐渐发病 | 母猪正常 |
| 轮状病毒性肠炎 | 1～5周龄 | 不一，最高达75% | 低，一般5%～20% | 偶见呕吐，为糊状混有黄色凝乳状物 | pH6.0～7.0 | 突然发生，传播迅速；地方性与传染性胃肠炎相似 | 母猪很少发病 |
| 梭菌性肠炎 | 通常在出生后1周左右 | 零星发病，一般最健康的仔猪最易发生 | 急性感染仔猪100%死亡，慢性易存活 | 俯卧呈滑水状，偶见呕吐；体瘦、被毛粗 | 水样、黄色至血色腹泻 | 缓慢传播整个产房，各种症状可同时见于不同窝 | 母猪正常 |
| 猪痢疾 | 7日龄以上，尤其是2周龄 | 窝中散发 | 低 | 无脱水 | 灰黄色水样带血和黏液 | | 较大猪可见腹泻 |
| 伪狂犬病 | 冬季易发，任何日龄，日龄小的猪比较严重 | 可高达100% | 高，通常50%～100% | 呆滞、流涎、呕吐、呼吸困难、神经症状 | 黄色水样 | 在以前未感染的猪群暴发 | 神经症状、流产 |
| 弓形虫病 | 任何日龄 | 不一 | 不一 | 呼吸困难，神经症状 | 水样 | | 母猪正常 |
| 低血糖症 | 产后无乳，1～3日龄，或2～3周龄 | 不一，5%～15%的窝数发病 | 在发病窝中较高 | 虚弱无力、体温低、神经症状 | 水样 | | 母猪无乳，少食，乳房炎等 |

## 五、哺乳仔猪腹泻时剖检病理变化鉴别

哺乳仔猪腹泻的诊断除了疾病流行情况比较，剖检病理变化也是个重要的依据。引起哺乳仔猪腹泻疾病的剖检病理变化各有特点，需要我们仔细地辨别，找出其细微的差别更利于临床诊断（表2-2）。

表2-2 哺乳仔猪腹泻时剖检病理变化比较

| 疾 病 | 肉眼剖检病理变化 | 显微镜检 | 诊 断 |
|---|---|---|---|
| 大肠杆菌病 | 胃充盈，乳糜管内有脂肪，肠充血或不充血，肠壁轻度水肿，肠扩张充盈液体、黏液和气体 | 无病变 | 小肠液可培养出大肠杆菌菌落，证明有毒素 |
| 传染性胃肠炎 | 乳糜管中无脂肪，肠内有黄色液体和气体，肠血管充血，小肠壁变薄，胃壁出血。胃内容物：刚出生的2~3天为乳，4~5天为绿色黏液 | 空肠、回肠肠绒毛严重萎缩 | 小肠做荧光抗体检查，肠内容物直接电镜检查，病毒分离 |
| 球虫病 | 纤维素性坏死性假膜，尤其是空肠和回肠，大肠无病变 | 轻度至重度肠绒毛萎缩，纤维素性坏死性膜 | 空肠或回肠内容物涂片，检查虫卵 |
| 轮状病毒性肠炎 | 胃内有奶或凝乳块，肠壁变薄充满液体，盲肠、结肠扩张，乳糜管内有不等量的脂肪 | 空肠、回肠有中度的肠绒毛萎缩 | 小肠做荧光抗体检查，肠内容物电镜检查，病毒分离 |
| A型或C型产气荚膜梭菌病 | 病变见于空肠、回肠。最急性：肠壁出血，肠内有血样液体，浆液血性腹腔液，腹膜淋巴结出血；急性：空肠壁黏膜变厚、坏死、水肿；亚急性和慢性：少见出血，膜变厚 | 肠壁广泛出血，黏膜坏死，可见革兰氏阳性杆菌 | 黏膜涂片革兰氏染色检查，可见阳性杆菌，组织病理学检查，微生物培养并鉴定毒素 |
| 艰难梭菌病 | 结肠系膜水肿，结肠固有层化脓灶，节段性黏膜糜烂病变 | 可见革兰氏阳性大杆菌 | 病原分离。A和B毒素 |

（续）

| 疾 病 | 肉眼剖检病理变化 | 显微镜检 | 诊 断 |
|---|---|---|---|
| 类圆线虫病 | 肠黏膜点状出血，偶见肺出血 | | 粪便检查虫卵 |
| 猪痢疾 | 局限于大肠壁的病变：充血、水肿、轻度腹水，黏膜为黏液纤维素性、出血性，常有假膜 | 表层坏死和出血 | 培养、组织病理学 |
| 沙门氏菌病 | 整个胃肠道卡他性、出血性、坏死性肠炎，实质器官和淋巴结出血和坏死，肝脏局灶性坏死，胃肠道弥漫或局灶性溃疡 | 肠黏膜溃疡，肝脏和脾脏有坏死灶 | 培养、组织病理学 |
| 低血糖病 | 胃空虚，乳糜管内无脂肪 | 镜下无明显病变 | 症状典型无病原体 |
| 伪狂犬病 | 坏死性扁桃体炎，咽炎，肝脏和脾脏坏死灶，肺充血 | 非化脓性脑膜炎，血管周围套 | 从冻存的扁桃体和脑分离病毒，荧光抗体、血清学检查 |
| 弓形虫病 | 肠溃疡、各器官可见坏死灶，淋巴结炎 | 局灶性坏死区 | 组织学和虫体检查，血清学检查 |

## 六、断奶仔猪或成猪引起腹泻的病变部位鉴别

断奶仔猪腹泻症状可能是疾病的主要症状，各种可能的疾病造成的消化系统病变特征有所差异，根据病变部位鉴别可得出大概的疾病（表2-3）。

表2-3　断奶仔猪或成猪发生腹泻时的病变部位鉴别

| 病变部位 | 可能原因 | 进一步鉴别 |
|---|---|---|
| 小肠 | 传染性胃肠炎、轮状病毒性腹泻、猪流行性腹泻等相关的肠病 | 腹泻无血。进一步荧光抗体检测，组织病理学鉴定 |

（续）

| 病变部位 | 可能原因 | 进一步鉴别 |
|---|---|---|
| 大肠 | 肠结肠炎、沙门氏菌病、结节线虫病 | 腹泻无血。进一步细菌培养，粪检 |
| 无明显可见病变 | 大肠杆菌病、林肯霉素、泰乐菌素或大豆粉过敏，水肿病出现神经症状前的早期症状，急性钩端螺旋体病 | 腹泻无血。进一步细菌培养，调查病史 |
| 胃 | 胃溃疡 | 血样腹泻、黑粪。粪便中柏油样黑血，剖检 |
| 结肠 | 猪痢疾、猪鞭虫、沙门氏菌结肠炎 | 血样腹泻、黑粪。组织病理学，粪检，细菌培养 |
| 大、小肠整个肠道 | 增生性出血性肠病、单端孢霉烯毒素、肠型炭疽 | 血样腹泻、黑粪。组织病理学，化验饲料 |

## 七、断奶仔猪或成猪引起腹泻的消化系统以外的主要疾病

消化系统以外的疾病也可引起断奶仔猪或成猪腹泻，但这时的腹泻不一定是疾病的主要症状，是伴随症状。所以，在诊断时特别注意这些疾病的存在（表2-4）。

表2-4　断奶仔猪或成猪引起腹泻的消化系统以外的主要疾病

| 腹泻带血 | 临床症状 | 可能的病因 | 进一步鉴别 |
|---|---|---|---|
| 无 | 不愿站立、发热、厌食、沉郁，皮肤变色 | 败血性沙门氏菌病、猪瘟、非洲猪瘟 | 细菌培养、抗体、血清学检查 |
| 无 | 呼吸道症状，咳嗽 | 猪蛔虫、急性胸膜肺炎放线杆菌感染的前兆 | 乳斑肝、肺微生物培养 |

（续）

| 腹泻带血 | 临床症状 | 可能的病因 | 进一步鉴别 |
|---|---|---|---|
| 无 | 多尿，烦渴，脱水 | 赭曲霉毒素 | 化验饲料 |
| 无 | 呼吸频率加快，呼吸困难，共济失调，震颤、抽搐 | 左旋咪唑、二甲硝咪唑、哌嗪等过量，急性弓形虫病 | 治疗史，组织病理学，小鼠接种 |
| 无 | 消瘦，生长不良 | 猪肠腺瘤病 | 组织病理学 |
| 有 | 跛行，不愿行走，贫血 | 苄丙酮香豆素中毒 | 接触史，胃内容物分析 |
| 有 | 消瘦，生长不良 | 胃溃疡，增生性出血性肠病 | 剖检，组织病理学 |
| 有 | 沉郁、虚脱、发热、厌食、呼吸困难、充血 | 非洲猪瘟末期 | 荧光抗体检查，血清学 |

## 八、仔猪副伤寒与猪痢疾的鉴别

在兽医临床上，仔猪副伤寒和猪痢疾主要发生在断奶后和青年猪，鉴别这两者要从流行病学、临床特点、病理变化等进行比较（表2-5）。

表2-5　仔猪副伤寒与猪痢疾的鉴别

| 项　目 | 仔猪副伤寒 | 猪痢疾 |
|---|---|---|
| 病原体 | 沙门氏菌 | 猪痢疾密螺旋体 |
| 易感动物 | 各种动物和人 | 仅猪易感 |
| 发病日龄 | 1～4个月龄的猪多发 | 50～90日龄的猪发生最多 |
| 发病季节 | 一年四季均可发生，多雨潮湿季节多发 | 无季节性 |

（续）

| 项　目 | 仔猪副伤寒 | 猪痢疾 |
|---|---|---|
| 死亡率 | 25％～50％ | 幼猪发病率 95％，死亡率 5％～25％ |
| 临床特点 | 急性败血型较少见，以发热、呼吸迫促和耳、四肢、下腹部出现紫红色出血性斑点为主要特征，有时后躯麻痹，排黏液血性痢便或便秘，经过 1～4 日而死亡；亚急性和慢性多见，粪便呈灰白色、黄绿色、水样、恶臭，食欲下降，被毛失去光泽，有的可能发生肺炎 | 病初体温升高，排出的粪便含有大量的黏液和血丝，以后含有鲜血，有的出现水样泻痢，或排出红白相间胶冻样粪便、弓背、脱水、贫血、消瘦、生长发育受阻而成为僵猪 |
| 病理剖检变化 | 急性病例脾肿大，硬似橡皮，全身淋巴结充血、水肿，胃肠黏膜出血，肝有针尖大坏死灶，肾、心外膜出血；亚急性或慢性病例盲肠、结肠、回肠呈坏死性肠炎、糜烂，盲肠表面覆一层麸皮样坏死及肠系膜淋巴结高度肿胀是其特征性病变 | 主要病变在大肠，腹腔有多量红色液体，空肠段全部肠壁呈红色，与正常肠段界线分明，结肠、直肠肠壁、肠黏膜充血、水肿、出血或坏死 |
| 治疗药物 | 氟苯尼考、甲砜霉素、喹诺酮类等药物均有效 | 痢菌净治疗有效 |

## 九、流行性腹泻与传染性胃肠炎的鉴别

　　猪流行性腹泻与传染性胃肠炎在兽医临床上很容易混淆，在此特别提出这两者的鉴别要领，包括流行病学、临床特点、病理变化等进行比较（表 2-6）。

表 2 - 6　　流行性腹泻与传染性胃肠炎的鉴别

| 项　目 | 流行性腹泻 | 传染性胃肠炎 |
|---|---|---|
| 病原体 | 冠状病毒属成员 | 冠状病毒属成员（但二者没有共同的抗原性） |
| 发病年龄 | 大小猪均易感，1 周龄以内的易感性最高 | 大小猪均易感，10 日龄以内的易感性最高 |
| 发病率与死亡率 | 发病率 100%，1 周龄以内的猪死亡率可达 50%，成年猪很少死亡 | 发病率 100%，10 日龄以内的猪死亡率 60%，成年猪很少死亡 |
| 发病季节 | 主要发生于寒冷季节 | 主要发生于寒冷季节 |
| 临床特点 | 病初体温升高，食欲减退，随后排出水样便，有时在吃奶或吃食后发生呕吐，哺乳仔猪发生腹泻后 2～3 天呈严重脱水而死亡，肥育猪或母猪持续腹泻 4～7 天可逐渐恢复正常，成年公猪发生呕吐 | 主要症状是水样腹泻和呕吐，数日即可波及全群。哺乳仔猪发病后呈喷射状水样腹泻，且泻便中会有未消化的凝乳块，恶臭、死亡率高。病猪严重脱水、消瘦、被毛粗乱，随着日龄的增大，死亡率降低，水样泻持续 3～7 天，一旦停止，多不再发病 |
| 病理剖检变化 | 眼观变化仅限于小肠，小肠肠管胀满、扩张，内含有大量黄色液体，肠壁变薄，小肠绒毛缩短 | 胃底黏膜充血、小肠扩张，肠壁（空肠）变薄、透明，肠内充满白色泡沫状液体及气泡，哺乳仔猪胃内充满凝乳块 |
| 治疗药物 | 抗生素治疗无效，只能通过注射疫苗和防止继发感染，防止脱水，防止酸中毒 | 抗生素治疗无效，只能通过注射疫苗和防止继发感染，防止脱水，防止酸中毒 |

# 十、猪肝脏表现出坏死灶的主要疾病

　　肝胆作为消化系统的一部分，在病理剖检时肝脏病变特征明显，如针尖状至小米状灰白色坏死点、灰白色结节坏死灶等，往往伴随其他脏器的病理变化。引起肝脏坏死的主要疾病可做如下比较（表 2 - 7）。

表 2 - 7 猪肝脏表现出坏死灶的主要疾病

| 疾病 | 肝脏坏死 | 剖检变化 | 临床症状 |
|------|---------|---------|---------|
| 猪伪狂犬病 | 针尖大小灰白色坏死灶 | 坏死性扁桃体炎，咽炎，肝脏和脾脏坏死灶，肺充血 | 呼吸困难，发热、流涎、呕吐、腹泻、神经症状，高死亡率 |
| 沙门氏菌病 | 针尖大小灰白色坏死灶 | 整个胃肠道卡他性、出血性、坏死性肠炎，实质器官和淋巴结出血和坏死，肝脏局灶性坏死胃肠道弥漫或局灶性溃疡 | 发热、厌食、沉郁，皮肤变色 |
| 李氏杆菌病 | 白色坏死灶 | 脑膜炎、病灶性肝坏死 | 发热、震颤、运动失调、后肢拖拉、前肢显示步态僵硬、兴奋性高 |
| 猪弓形虫病 | 坏死灶大小不一 | 肺炎、肠溃疡、各器官可见坏死灶，淋巴结炎 | 呼吸困难，神经症状，发热，腹泻 |
| 猪结核病 | 灰白色结节坏死灶 | 剖检见肺部和有特征性结核结节病变 | 被毛粗，消瘦，咳嗽 |
| 仔猪黄痢 | 小的凝固性坏死灶 | 最显著的病变是胃肠道黏膜上皮的变性和坏死 | 剧烈腹泻、排出黄色或黄白色水样粪便，皮肤皱缩，肛门周围有黄色稀粪沾污 |

## 十一、引发猪的肝脏变性和黄染的主要疾病

在病理剖检时肝脏病变特征明显，除坏死灶外还有变性和黄染，也同时伴随其他脏器的病理变化。引起肝脏变性和黄染的主要疾病可做如下比较（表 2 - 8）。

表 2 - 8 引发猪的肝脏变性和黄染的主要疾病

| 疾病 | 肝脏颜色 | 剖检变化 | 临床症状 |
|------|---------|---------|---------|
| 附红细胞体病 | 肝褪色呈黄色 | 全身性黄疸，肝肿大黄染，脾肿变软，胸腹腔、心包积液 | 嗜睡，生长减慢，偶见黄疸，母猪急性发作，乳房和外阴水肿 |

| 疾　　病 | 肝脏颜色 | 剖检变化 | 临床症状 |
|---|---|---|---|
| 梭菌性疾病 | 肝褪色呈黄色 | 病变见于空肠、回肠。最急性：肠壁出血，肠内有血样液体，浆液血性腹腔液，腹膜淋巴结出血 | 俯卧呈滑水状；偶见呕吐；体瘦，被毛粗 |
| 钩端螺旋体病 | 肝褪色呈黄色 | 死胎或弱猪，偶见流产，弥漫性胎盘炎 | 发热，腹泻，几乎同一年龄小猪，常妊娠中晚期流产 |
| 黄曲霉毒素中毒 | 肝褪色呈黄色 | 呼吸道有溃疡结节，肺内有灰白或黄色肉芽肿病灶，肝、脾、肾偶见 | 口渴、嗜睡、大便干燥、间歇性抽搐，全身黄染 |
| 金属毒物中毒 | 肝褪色呈黄色 | | |
| 缺硒性肝病 | 肝脏变性、黄染 | 1月内易发生白肌病，2月左右的发生肝坏死和桑葚心 | |
| 仔猪低血糖 | 肝褪色呈黄色 | 胃空虚，乳糜管内无脂肪 | 虚弱、无活力、体温低、神经症状 |

# 第四节　引起猪呕吐症状的疾病鉴别诊断

呕吐是指胃内容物不自主地经口腔或鼻孔喷出的病理现象。仅有呕吐动作而没有胃内容物吐出的现象，称为恶心，常是反射性呕吐的前兆。

## 一、呕吐的分类

**1. 中枢性呕吐**　如脑炎、脑膜炎、脑肿瘤、颅脑外伤（呕吐中枢直接受到刺激）、食盐中毒（引起嗜伊红脑膜炎和脑水肿）、应用洋地黄、阿扑吗啡（兴奋呕吐中枢）等。

**2. 反射性呕吐**　如肠变位、子宫疾病、腹膜炎等（腹部交感神经反射地刺激胃神经）。

**3. 炎症刺激呕吐**　如咽炎、胃炎、十二指肠炎和胃溃疡等。

## 二、呕吐症状的鉴别诊断思路

**1. 首先应判定是中枢性呕吐还是反射性呕吐**

**2. 呕吐的临床特点**　采食后不久发生一次性大量呕吐，一般为过食。采食同样饲料的大多数或全部出现呕吐，且发生突然，可能由毒物中毒引起。采食后即出现呕吐，呕吐动作持续而频繁，呕吐物中含较多黏液，多见于慢性胃炎、胃溃疡。对于群发性呕吐，应重点考虑中毒性疾病。

## 三、引起哺乳仔猪呕吐症状的鉴别

哺乳仔猪呕吐是常见临床症状，猪群中大多数哺乳仔猪发生呕吐由传染性疾病引起的多见，中毒性疾病和其他因素引起的少见。引起猪群哺乳仔猪呕吐症状的主要传染性疾病可做如下鉴别（表 2 - 9）。

表 2 - 9　引起哺乳仔猪呕吐症状的鉴别

| 疾　　病 | 发病日龄 | 伴随症状 | 母猪症状 |
|---|---|---|---|
| 血凝性脑脊髓炎 | 4~14 日龄 | 嗜睡、扎堆、便秘、发绀、咳嗽、磨牙、步态僵硬、触摸时尖叫并呈划水状，后肢部分麻痹，抽搐 | 无 |
| 传染性胃肠炎 | 所有日龄，日龄小的猪较严重 | 多量，水样腹泻 | 正常或厌食、呕吐、腹泻 |
| 猪流行性腹泻 | 所有日龄，日龄小的猪较严重 | 多量，水样腹泻 | 正常或厌食、呕吐、腹泻 |
| 伪狂犬病 | 所有日龄，日龄小的猪较严重 | 呼吸困难、大量流涎、腹泻、震颤、中枢神经系统症状、癫痫 | 正常或咳嗽、厌食、便秘、神经症状 |

（续）

| 疾　　病 | 发病日龄 | 伴随症状 | 母猪症状 |
|---|---|---|---|
| 轮状病毒性肠炎 | 少见于哺乳仔猪 | 水样腹泻 | 无 |
| 猪瘟 | 所有日龄 | 嗜睡、发绀、发热、腹泻、出血 | 与仔猪症状相似 |

## 四、引起断奶仔猪和成猪呕吐症状的鉴别

猪群中大多数断奶仔猪发生呕吐，通常由传染性疾病、中毒性疾病、营养代谢性疾病引起。引起猪群断奶仔猪呕吐症状的主要疾病可做如下鉴别（表 2 - 10）。

表 2 - 10　引起断奶仔猪和成猪呕吐症状的鉴别

| 疾　　病 | 发病日龄 | 伴随症状 |
|---|---|---|
| 传染性胃肠炎 | 所有日龄，日龄小的猪较严重 | 水样腹泻，脱水、厌食可达 1 周 |
| 猪流行性腹泻 | 所有日龄，日龄小的猪较严重 | 水样腹泻 4~6 天，脱水 |
| 伪狂犬病 | 所有日龄，日龄小的猪较严重 | 中枢神经系统症状、喷嚏、咳嗽、厌食、便秘、偶有妊娠母猪流产 |
| 轮状病毒性肠炎 | 断奶保育猪 | 腹泻、脱水 |
| 毒素 T - 2 | 所有日龄 | 贫血、腹泻（可能带血）、生长不良 |
| 猪瘟 | 所有日龄 | 嗜睡、厌食、眼有分泌物、先便秘后腹泻、摇晃、步态蹒跚、扎堆、后肢部分麻痹、发绀、流产 |
| 最急性胸膜肺炎放线杆菌病 | 所有日龄，常呈暴发性 | 呼吸困难，咳嗽，口鼻流出血色液体，发绀 |
| 炭疽 咽型 | 所有日龄 | 颈部水肿，呼吸困难、沉郁 |
| 炭疽 肠型 | 所有日龄 | 厌食、血样腹泻 |
| 类圆线虫 | 断奶仔猪至育肥猪 | 胃肠腹泻、迅速消瘦、厌食、贫血 |

（续）

| 疾 病 | 发病日龄 | 伴随症状 |
|---|---|---|
| 胃溃疡 | 育肥猪至成年猪 | 贫血，煤焦油样粪便，磨牙，体重减轻 |
| 中毒 | 所有日龄 | |
| 核黄素缺乏 | 所有日龄 | 生长缓慢，皮肤生鳞屑，发疹，溃疡和脱毛 |

# 第五节　猪肠便秘

　　猪的肠便秘是由于肠管运动机能和分泌机能紊乱，内容物滞留不能后移，水分被吸收，致使一段或几段肠管秘结的一种疾病。各种年龄的猪都可发生，便秘常发部位是结肠。

　　**病因**　原发性肠便秘的病因有：①饲喂多量的粗硬劣质饲料，如砻糠、蚕豆糠、干红薯蔓、花生蔓等；②饲料中混有多量泥沙；③饮水不足，缺乏适当运动；④断乳仔猪突然饲喂纯米糠而同时缺乏青绿饲料。此外妊娠后期或分娩不久的母猪伴有肠迟缓时，也常发生便秘。

　　继发性肠便秘主要见于某些肠道的传染病和寄生虫病，如猪瘟的早期阶段、慢性肠结核病、肠道蛔虫病等，均可呈现肠便秘。其他原因如伴有消化不良时的异嗜癖，去势引起肠粘连，甚至母猪去势时误将肠壁缝合在腹膜上，也可导致肠便秘。

　　**症状**　食欲减退或废绝，饮欲增加，腹围增大，喜躺卧，有时呻吟，呈现腹痛，经常努责。病初可缓慢地排出少量干燥、颗粒状的粪球，其上覆盖着稠厚的灰色黏液；当直肠黏膜破损时，黏液中混有鲜红的血液；经1～2天后，排粪停止。体小的病猪，用双手从两侧腹壁触诊，可触摸到圆柱状或串珠状的结粪。当便秘肠管压迫膀胱颈时，会导致尿闭，触诊耻骨前缘，可发现膀胱胀满。当十二指肠便秘时，病猪表现呕吐，呕吐物为液状酸臭物。

　　**诊断**　结合临床症状、病史调查和饲养管理等情况做出诊断。

# 第三章　猪呼吸系统疾病的鉴别诊断

## 第一节　猪呼吸系统病理特点

动物的呼吸系统包括鼻腔、咽、喉、气管、支气管和肺等器官，担负着机体与外界进行气体交换的作用。由于呼吸系统与外界相通，每天吸入大量气体，因而易受空气中各种病原微生物、有毒气体和粉尘的损伤，有些致病因子可通过血流入侵呼吸器官。但动物呼吸系统有较为完备的防御功能、反射机能、机械性排送机能（如气管和支气管的黏膜上皮的纤毛经常向出口方向摆动、吞噬）及黏膜的分泌机能，可在一定程度上消除、减弱有害因子的损伤。因此，只有在呼吸系统防御功能低下或机体整体抵抗力下降时，才会受到诸如病原微生物等有害因子的侵犯而发病。此外，其他系统病变也可引起呼吸系统的病变，如大循环中发生的血栓、细菌感染可引起肺血管阻塞或继发感染灶的发生。

呼吸系统疾病较多，本节主要介绍几种动物常见病：气管炎、小叶性肺炎、大叶性肺炎及非典型性肺炎的病理学特征。

## 一、气管炎

气管黏膜及黏膜下层组织的炎症，称为气管炎，是各种动物常见的呼吸系统疾病。本病常与喉炎、支气管炎并发，依据并发症临床上称为喉气管炎或气管支气管炎。临床上常以较为剧烈的咳嗽、呼吸困难为特征。

原发性气管炎主要由于受寒感冒引起；也可因吸入异物如饲料或外界环境中粉尘、霉菌孢子或投药时药物误投等引起；也可继发于其他疾病，如猪瘟等传染性疾病。此外，一些非传染性疾病如喉炎或肺炎蔓延至气管、支气管也可导致本病发生。

根据病程常将其分为急性气管炎（急性气管支气管炎）和慢性气管炎（慢性气管支气管炎）。依据病变的性质又分为卡他性气管炎、化脓性气管炎和坏死性气管炎等类型。

**1. 急性气管炎**（急性气管支气管炎）　病理变化主要表现为：眼观可见气管或支气管黏膜肿胀，充血，颜色加深，黏膜表面附着大量渗出物，病初为浆液性或黏液性物，随病程继续，渗出物为黏液性或脓性物；黏膜下组织水肿。若由寄生虫引起，在其渗出物中有寄生虫虫体存在。若发生纤维素性炎症，在黏膜表面可见有多少不等的灰白色纤维素性渗出物。镜下可见黏膜水肿、充血，黏膜上皮细胞变性、坏死脱落，黏膜层和黏膜下层常有不同程度的坏死、充血、出血及炎性细胞浸润。气管和支气管腔内可见多量黏液、脱落的上皮细胞，以及炎性细胞，其中有时混有数量不等的红细胞。此时患病动物临床表现为咳嗽、流浆液性鼻液或黏液性鼻液、呼吸时发出湿啰音（彩图3-1）。

**2. 慢性气管炎**（慢性气管支气管炎）　常因急性炎症转变而来，其病程长、易反复发作。病理变化主要表现为：眼观气管、支气管黏膜充血增厚，粗糙，有时有溃疡出现。黏膜表面黏附少量黏性或黏液脓性物。镜下可见黏膜上皮细胞变性、坏死脱落，支气管纤毛上皮消失或有不规则上皮细胞增生。气管、支气管固有层有明显的结缔组织增生、浆细胞和淋巴细胞浸润，严重时可见支气管腔狭窄或变形。若为寄生虫感染引起时，可见大量嗜酸性粒细胞浸润。患病动物临床常表现为持续咳嗽。

## 二、小叶性肺炎（支气管肺炎）

病变始发于支气管或细支气管，然后蔓延到邻近肺泡引起的肺炎，每个病灶大致在一个肺小叶范围内，所以称为小叶性肺炎；因病变起始于支气管，后波及肺组织，故又称为支气管肺炎。小叶性肺炎是动物肺炎的一种最基本的形式，常发生于幼畜和老龄动物。患病动物表现为咳嗽、体温升高、呈弛张热型，肺部听诊有啰音，叩诊呈灶状或片状浊音。

引起小叶性肺炎的原因主要为病原微生物，如巴氏杆菌、链球菌、嗜血杆菌、坏死杆菌、葡萄球菌、马棒状杆菌、马流产沙门氏菌等细菌。上述细菌多为呼吸道黏膜常在的条件致病菌，正常情况下多不表现致病性。当条件发生变化时（如寒冷、感冒、长途运输、过劳、维生素 A 缺乏、营养不良等），动物机体抵抗力、呼吸道防御机能下降，细菌繁殖，沿气源性途径即病原由支气管到达细支气管，顺着管腔蔓延，直达肺泡；或者沿血源性途径即病原随血流达到支气管周围的血管、间质及肺泡；或经由支气管周围的淋巴管扩散到间质。最后到达邻近的肺泡，引起相应部位的炎症。所以这种肺炎在体内呈散在的灶状分布。此外，本病可伴发于其他疾病，作为并发症或继发病而发生。

眼观病理变化：支气管肺炎多发部位是肺的心、尖、膈叶前下部，病变为一侧性或两侧性。发炎的肺小叶灰红色，质地变实。病灶的形状不规则，呈岛屿状散在分布，其间杂着灰黄色或灰白色（气肿）的肺小叶。切开时，切面略隆起、粗糙、质地较硬，挤压时，可从小气管内流出混浊的黏液或脓性渗出物（彩图3－2）。

## 三、大叶性肺炎（纤维素性肺炎）

### （一）概念和发病机制

肺泡内有大量的纤维素性渗出为特征的一种急性肺炎，称为纤维素性肺炎。因病灶波及一个大叶或更大范围，甚至一侧肺或全肺，故又称为大叶性肺炎。本病常伴发于某些传染病经过中，以高热稽留、铁锈色鼻液、肺部广泛浊音区和定型经过为临床特征。

大叶性肺炎的病因是病原微生物，主要见于一些特殊性的传染病过程中。传染性胸膜肺炎、猪肺疫引起的肺炎过程中，往往有大叶性肺炎的发生。某些传染病如猪瘟、炭疽常伴发大叶性肺炎。此外，某些条件改变如受冷、感冒、刺激性气体、过劳、长途运输等可诱发本病。病原微生物主要经气源性感染，通过支气管树播散，炎症始发于呼吸性细支气管，并迅速蔓延至邻近的肺泡、支气管、细支气管、血管周围淋巴管及肺间质淋巴管，直至整个肺叶，病变可局限于一侧或双侧；有的病原可通过支气管周围的结缔组织和淋巴管播散，如支原体、巴氏杆菌等；也有经血源性感染的可能，如偶见于败血性沙门氏菌病。

## （二）病理特征

大叶性肺炎的病理学特征表现为：肺炎经过有明显的阶段性，即出现充血水肿期、红色肝变期、灰色肝变期及消散期，且在同一肺叶或同侧肺交替发生，故外观呈大理石样；炎症波及范围大，且炎灶内以纤维素性渗出物为主；家畜的纤维素性肺炎通常是融合性纤维素性肺炎，即只在小叶或小叶群发生纤维素性肺炎，然后炎灶相互融合，直至波及一个大叶或整个肺；消散期在家畜纤维素性肺炎中较为少见（彩图3-3）。根据病理变化的特点，大叶性肺炎可分为以下4期。

**1. 充血水肿期** 此期的特点是：肺泡壁的毛细血管充血，肺泡内积聚大量浆液性渗出物。眼观病变的肺叶肿大，呈暗红色；切面湿润，按压时有大量血样泡沫液体流出，此种肺组织切块在水中呈半沉状态。镜检可见肺泡壁毛细血管扩张充血，肺泡腔内有大量浆液、红细胞及少量白细胞、脱落的肺泡上皮细胞等。此时患病动物临床表现为咳嗽、流淡黄色浆液性鼻液；听诊时，可有肺部干性啰音及湿性啰音，甚至捻发音。

**2. 红色肝变期** 此期的特点是：肺泡壁显著充血，肺泡内有大量的红细胞和纤维素渗出。眼观病变的肺叶肿大，暗红色，质地变硬如肝脏，故称为红色肝变；病灶切面稍干燥，呈细颗粒状（纤维素突出），此种肺组织切块能完全沉入水中。此时肺小叶间质增宽、水肿，外观呈黄色胶冻状；胸膜增厚变混浊，表面有灰白色纤维素性渗出物覆盖。镜检可见肺泡壁毛细血管充血明显，肺泡腔内大量的网状的纤维素和红细胞，以及一定数量的中性粒细胞和脱落的肺泡上皮细胞。支气管周围、小叶间质和胸膜下组织明显增宽，充盈大量纤维素性渗出物，其中混有一定量的中性粒细胞。间质中淋巴管扩张，充满炎性渗出物，或有淋巴栓子形成。

**3. 灰色肝变期**　此期的特点是：肺泡充血减轻或消失，肺泡腔内大量纤维素和中性粒细胞，红细胞溶解。眼观病变的肺叶仍然肿大，颜色转变为灰红色和灰色，质硬如肝，故称为灰色肝变。病灶切面干燥，颗粒状，此种肺组织切块能完全沉入水中。镜检可见肺泡壁的毛细血管收缩小，充血现象消失，肺泡腔内充满大量网状纤维素，红细胞几乎溶解消失；此期间质和胸膜的变化与红色肝变期基本相同。

肝变期的患病动物临床表现为高热稽留，呼吸困难，流铁锈色鼻液（因渗出红细胞被巨噬细胞吞噬，将血红蛋白分解转化为含铁血黄素所致）；肺部叩诊时发浊音，听诊时可出现支气管呼吸音。

**4. 消散期**（或结局期）　此期的特点是：肺泡中渗出的纤维素溶解，炎症消散和组织再生。眼观病变肺组织呈灰黄色，质地变软，切面湿润，挤压时有混浊的脓样液体流出。镜下可见纤维素逐渐被溶解，中性粒细胞数量大为减少，多呈变性、坏死状态，巨噬细胞明显增加。病程继续，肺泡壁曾被挤压的毛细血管血流开始恢复，肺组织再生，功能得以恢复。此时，肺部可听到各种啰音和肺泡呼吸音。

## 四、非典型性肺炎

非典型性肺炎，又称为原发性非典型性肺炎，是由支原体、衣原体、立克次氏体、腺病毒及其他一些不明微生物引起的一种呼吸道感染综合征，其临床特点表现为症状多样、X线检查肺部出现不同程度的片状、斑状浸润性阴影或呈网状样改变，使用抗生素如磺胺、青霉素治疗无效。

下面以支原体肺炎为例，介绍非典型性肺炎的病理学变化特征。支原体肺炎是由肺炎支原体引起的一种间质性肺炎，其突出症状为阵发性剧烈咳嗽，病灶呈灶性或节段性，多累及一个肺叶。患病和带菌动物是肺炎支原体病的主要传染源，猪、鸡、羊，以及人的肺炎支原体主要经呼吸道飞沫传播，可侵犯整个呼吸道黏膜，引起气管炎、支气管炎、肺炎及纤维素性胸膜肺炎。

支原体肺炎的眼观病变表现为肺脏肿胀、呈暗红色，切面充血、水肿和不同程度的出血，挤压时可见有少量血样泡沫状液体流出，支气管和小支气管腔内有黏液性或黏液脓性渗出物。镜下可见支气管、细支气管周围组织，肺泡间隔明显增宽、充血、水肿及多量淋巴细胞和单核细胞浸润，肺泡腔内无渗出物或少量浆液和单核细胞。气管、支气管、细支气管黏膜充血，严重时可出现黏膜上皮细胞变性、坏死，甚至脱落，可见少量中性粒细胞浸润（彩图3-4）。

此外，在猪支原体肺炎过程中，除出现融合性间质性肺炎外，还可出现较为明显的肺气肿及支气管淋巴结髓样肿胀，病程较长时，可因间质结缔组织增生而出现肺胰样变。临床上常以咳嗽、气喘和呼吸困难为特征，且多呈慢性经过。

## 五、肺气肿

肺气肿是指肺组织内空气含量过多，导致肺脏体积膨大。依据发生部位和发生机制不同，可将肺气肿分为肺泡性肺气肿和间质性肺气肿两种类型。

### （一）肺泡性肺气肿

肺泡性肺气肿是指肺泡管或肺泡异常扩张，气体含量过多，并伴发肺泡管壁破坏的病理过程。

**原因和发生机制** 大多数肺泡性肺气肿是由于支气管阻塞或痉挛所致的空气郁积。其发生机制是：当小气道发生阻塞或狭窄时，吸气时由于肺被动性扩张，小气道随之扩张，气体可以被吸入；而呼气时，肺被动回缩，小气道阻塞，气体排出不畅或受阻，使肺泡腔内气体排出受阻，从而肺泡内气体蓄积而扩张，根据扩张肺泡腔的分布，可分为局灶性肺泡肺气肿和弥散性肺泡肺气肿。前一种多发生于支气管肺炎的周围肺泡，是健康肺泡呼吸机能加强的形态表现；后一种多见于摄入外源性蛋白酶、化学药物（如氯化镉）、氧化剂（如空气中的二氧化氮、二氧化硫、臭氧）等情况，此型肺气肿主要与肺内蛋白酶与抗蛋白酶失衡造成肺内蛋白过度溶解有关。

**病理变化**

（1）局灶性肺泡性肺气肿

【剖检】肺脏表面不平整，气肿部位膨大，高出于肺表面，色泽不均，病变部都是淡红黄色或灰白色，弹性减弱，触摸或刀刮时常发生捻发音，切面稍干燥，病变周围常有萎陷区。

【镜检】肺泡增大，肺泡壁毛细血管闭锁，严重的病例可见肺泡壁明显扩张、变薄甚至破损，并且互相融合成大气泡。这些病变区可压迫肺内的呼吸性细支气管和血管，使其变形。

（2）弥散性肺泡性肺气肿

【剖检】肺体积显著膨大，充满整个胸腔，有时肺表面遗留肋骨压迹。肺边缘钝圆，质地柔软而缺乏弹性，肺组织比重减小。由于肺组织受气体的压迫而相对贫血，故肺组织呈苍白色，用刀刮肺表面时常可听到捻发音，切面上肺组织呈海绵状，经常可见到扩张的小肺泡腔。如针头大小。在一些严重的病例，肺泡融合成直径达数厘米的充满空气的大空泡。

【镜检】中度至重度病例可见扩张、融合的肺泡腔。

### （二）间质性肺气肿

间质性肺气肿是指肺小叶间、肺胸膜下及肺脏其他的间质区内出现气体，猪的肺间质较宽而疏松，故上述病变甚为明显。严重时，肺间质中的小气泡可汇集成直径 1～2 厘米的大气泡，并直接压迫周围的肺组织而引起肺萎缩。凡能引起强力呼气行为的病因均可以引起肺泡内压力剧增，肺泡破裂，导致间质性肺气肿的发生。此病常见于剧烈而持久深呼吸、胸部外伤、濒死期呼吸、中毒等疾病过程。眼观病变为胸膜下和小叶间的结缔组织内有多量大小不等呈串珠样气泡，有时可波及全肺叶的间质。

## 六、肺水肿

肺水肿是指支气管、肺间质和肺泡内蓄积过量液体的病理过程，是许多疾病常见的一种并发症。

**原因和发生机制**　根据发生病因不同肺水肿可分为心源性肺水肿和肺微循环损伤性肺水肿。

（1）心源性肺水肿　主要由肺毛细血管流体静压升高和血-气屏的渗透升高及胶体渗透压降低所致。肺毛细血管流体静压升高多见于左心和（或）右心衰竭、血容量过多及肺静脉阻塞；胶体渗透压降低多见于低白蛋白血症和淋巴管阻塞。肺毛细血管流体静压升高和血-气屏障的渗透压同时升高偶见继发于脑外伤，又称为神经源性肺水肿。

（2）肺微循环损伤性肺水肿　是指肺毛细血管渗透压升高，主要由传染性病因（病毒、细菌、支原体等）、吸入有害气体、毒素及休克、过敏、外伤、败血症引起。这些致病因子可通过损伤 I 型肺上皮细胞和毛细血管内皮细胞引起毛细血管渗透压增高，从而导致肺水肿。这种肺水肿比心源性肺水肿发生快，且水肿液中的蛋白含量较高。

此外，肺泡壁内层富含磷脂质的表面活性剂的丢失或抑制可以促进水肿形成，因为在气-液界面上的高表面张力易使液体流入肺泡。在兽医临床上多见于呼吸困难综合征。

**病理变化**

【剖检】肺水肿的剖检变化因病因不同而存在差异。通常，打开胸腔后肺不完全塌陷，胸腔内有过量的胸腔积液。肺表面湿润，富有光泽，呈鲜红色、半透明或暗红色，重量增加。胸膜下和肺间质水肿。肺小叶间隔增宽而明显，淋巴管显著扩张、弯曲状或呈串珠状。较严重的病例，鼻腔、气管和支气管内含有白色、淡黄色或血染的泡沫状液体。切开肺时，切面有液体溢出（彩图3-5）。

【镜检】肺胸膜下组织、肺间质、血管和气道周围有不同程度水肿，淋巴管扩张，充满水肿液体。肺毛细血管扩张，充血，肺泡内有均质嗜伊红的或模糊的颗粒样液体聚集，偶尔有散在的空泡。心源性水肿液中的蛋白量很少。

## 七、胸膜炎

胸膜炎是指胸膜腔脏层和壁层的炎症，为临床常见病变之一。根据病因可分为原发性和继发性，根据病程可分为急性和慢性。引起胸膜炎的病因通常是病原微生物，主要包括细菌、病毒、衣原体、支原体，但存在单一病原感染和多病原混合感染致病的区别。感染胸膜炎的主要途径有：①继发于肺炎；②通过血液、淋巴液渗透等。

**1. 急性胸膜炎**　急性胸膜炎以浆液性、浆液纤维素性最为常见，其次是纤维素性化脓性炎，出血性胸膜炎较少发生。病初胸膜潮红，胸膜血管、淋巴管扩张、充血，间皮细胞肿胀、变性，故胸膜失去固有光泽，胸膜腔蓄积多量淡黄色渗出液。如果此时病因消除，渗出较少的浆液会被迅速吸收，则称为干性胸膜炎。随着炎症的发展，胸膜血管损伤加重，纤维素渗出。渗出的纤维素通常为灰白色，当间杂少量血液，或渗出中有大量白细胞则呈黄色。此时，胸膜混浊，表面被覆一层疏松、容易撕碎的淡黄色网状假膜，胸膜腔内有大量脓浆液纤维素聚集。当有化脓菌存在时，炎性渗出物很快就会从浆液纤维素性转为化脓性。使大量的脓汁蓄积在胸膜腔，又称为脓胸。

**2. 慢性胸膜炎**　大多数慢性胸膜炎由急性胸膜炎转变而来，少数病例一开始就取慢性经过，主要表现为胸膜呈局灶性或弥漫性的结缔组织增生，胸膜增厚，肺胸膜与肋胸膜的粘连或胸膜表面的局灶性和弥漫性纤维素性粘连，使胸膜腔部分或完全闭塞。有的病例可出现瘢痕形成和特殊肉芽肿形成。增生性胸膜炎的特征性病变是结节状，经常形成菜花样团块。在初期，结核结节由柔软、红色的肉芽组织所组成，此后重度钙化，又称为珍珠病。干酪性渗出性胸膜炎，胸膜增厚，表面覆盖着大片的干酪渗出，在片状干酪性渗出之间有纤维素沉着。放线菌性胸膜炎的表面呈弥漫性增厚，并可见到大小不等的结节状病灶，结节中心可见黏稠的脓性内容物和淡黄色的硫黄颗粒。

# 第二节　猪呼吸系统常见疾病

## 一、猪肺疫

猪肺疫也称巴氏杆菌病，它是由多杀性巴氏杆菌引起的传染病，俗称锁喉风。其特征是最急性型呈败血症变化，咽喉及周围组织急性肿胀，高度呼吸困难；急性型呈纤维素性胸膜炎症状；慢性型肺组织发生肝变。

**流行病学**　本病无明显的季节性，一般为散发，有时也呈地方性流行。各种年龄的猪都可感染发病。一般认为本菌是一种条件性病原菌。病猪和健康带菌猪是主要传染源。病原体随病猪的分泌物排出体外，经呼吸道、消化道及损伤的皮肤感染，带菌猪过劳、受寒、感冒、饲养管理不当等因素，使动物抵抗力降低时，可发生内源感染。

**临床症状**

（1）最急性败血型　最急性型俗称锁喉风，常突然死亡。大多数病猪体温升高至 41℃ 以上，食欲废绝，咽喉部红肿，热而硬，有痛感。呼吸高度困难，口鼻常流出泡沫样液体。临死前，耳根、颈部及下腹部等处变成蓝紫色，有时出现出血斑点，常因窒息而死亡，病程 1～2 日。

（2）最急性型　病例呈现胸膜肺炎症状，病初体温升高。常发生痉挛性干咳，有鼻液和脓性眼屎。初便秘后腹泻，后期常见皮肤上出现紫斑或小出血点，最后心力衰竭而死。病程 4～6 日。

（3）慢性型　病例多见流行后期，常见病猪呈持续性咳嗽，呼吸困难，体温时高时低，食欲减退，逐渐消瘦，最后发生腹泻，以致衰竭死亡。病程 2 周左右。

**病理变化**

（1）最急性型　常见皮肤、浆膜、黏膜有大量的出血点，切开咽喉部可见皮下组织有大量胶冻样淡黄色的水肿液。全身淋巴结肿大，切面呈一致红色。肺充血、水肿，可见红色肝变区，气管、支气管内充满泡沫状液体。脾有出血但不肿大。胃肠黏膜出血性炎症。

（2）急性型　败血症变化较轻，常见胸腔积液，纤维素性肺炎，肺可见大小不等的红色或灰色相间的肝变区，肺小叶间质增宽，充满胶冻样液体。胸腔有黄白色纤维素性沉着，肋膜肥厚，常与病肺粘连。

（3）慢性型　肺组织除有肝变外，并见有大块坏死灶和化脓灶，胸膜粘连。

**诊断**　本病无特征性的临床症状和病理变化，其诊断要在临床症状和病理变化的基础上分离出病原菌。应注意与猪流感、胸膜肺炎、急性副伤寒、喘气病、猪瘟、猪丹毒等鉴别诊断。

## 二、猪气喘病

猪气喘病又叫猪支原体肺炎，病原为肺炎支原体。猪气喘病是猪的一种接触性、慢性呼吸道传染病。其特征是咳嗽和气喘，病变特征是肺的尖叶、心叶、中间叶和膈叶前缘呈肉样或胰样实变。

**流行病学**　病原存在于病猪的呼吸道、肺门淋巴结和纵隔淋巴结中，病猪和隐形带菌猪是本病的传染源。本病以冬春寒冷季节较常见，特别是舍内阴湿寒冷、空气不流通、饲养密度过大，可使病情加重，病死率增高。其中以哺乳仔猪和幼猪最易感，其次是妊娠后期及哺乳母猪，成年猪多呈慢性和隐性感染。猪场往往因引种引起本病暴发，新疫区暴发初期呈急性经过，症状较重，致死率较高。在老疫区猪场多为慢性或隐性经过，症状不明显，病死率低。

**临床症状**　本病的主要临床症状是咳嗽和喘气。急性型常见新发病猪群，以仔猪、妊娠母猪和哺乳仔猪多发，呼吸困难呈腹式呼吸、口鼻流沫、严重的发出哮鸣声、体温一般正常，食欲减退或不食，常因窒息而死亡；慢性型多见老疫区的架子猪、肥育猪和后备母猪，干咳、气喘可连续数周，甚至数月，咳嗽以清晨和晚间为甚，运动或进食后可加剧，病猪消瘦，生长缓慢，病猪容易继发巴氏杆菌病，死亡率增加。

隐性型一般情况下发育良好，不表现临床症状，或偶见个别猪咳嗽。

**病理变化**　肺的心叶、尖叶及中间叶、膈叶的前部有大小不等、分散或连片的呈对称性的实变，与正常组织界线明显，初期呈肝变，后期呈肉样变或胰样变。肺水肿或气肿，肺门淋巴肿大，切面呈灰白色且多汁外翻。在继发感染时，常出现纤维素性胸膜炎、化脓性肺炎和坏死性肺炎（彩图3-6）。

**诊断**　据流行病学、临床症状和病变特征可做出诊断。对慢性和隐性感染的病猪，X线检查有重要的诊断价值。还没有一种血清学诊断方法纳入常规诊断。

## 三、传染性胸膜肺炎

猪传染性胸膜肺炎是猪的一种呼吸道传染病，病原是胸膜肺炎放线杆菌（胸膜肺炎嗜血杆菌）。临床上以高热、呼吸困难为主要特征，急性型病死率高，慢性型常能耐过。

**流行病学**　病菌主要存在于病猪呼吸道，通过空气飞沫传播，各种年龄猪都有易感性，但以3月龄仔猪最易感。初次发病猪群发病率和病死率均较高，经过一段时间，逐渐趋向缓和，发病率和死亡率显著降低，本病的发病率和病死率有很大差异，发病率在10%～100%，病死率在0.5%～100%。在大群饲养条件下或不良气候环境与长途运输之后容易引起流行。

**临床症状**　本病与非典型猪瘟相似，高热稽留，耳及腹下皮肤有出血斑点，并发紫。最急性型发病急，体温升高至41.5℃以上，精神沉郁，不食，继而呼吸困难，张口伸舌，常站立或呈犬坐姿势，口鼻流出泡沫样分泌物，耳、鼻及四肢皮肤呈蓝紫色，如不及时治疗，常于1～2天内窒息死亡。慢性型有间歇性咳嗽，生长缓慢，有时出现跛行，关节肿大，随着时间的拖延症状逐步消退，常能自行恢复。

**病理变化**　急性死亡可见两侧肺均为严重肺炎。紫红色，质地较硬，肺广泛性充血、出血水肿和肝变。气管、支气管内泡沫状血样黏性渗出物，胸腔内积有浅红色或黄色渗出液，病程稍长肺表面附着纤维素样渗出物，有脓肿样结节（彩图3-7，彩图3-8）。

## 四、萎缩性鼻炎

萎缩性鼻炎是猪的一种慢性呼吸道传染病。病原是支气管败血波氏杆菌。

**流行病学**　任何年龄猪均可感染，但以幼猪的易感性最大，病猪和带菌猪是主要传染源。

**临床症状**　打喷嚏，鼻腔分泌胶性黏液，常出现摇头、拱地、擦鼻等症状，2月龄内仔猪最明显，4月龄内仔猪感染多引起鼻甲严重萎缩，大猪感染后多成为带菌者，症状轻微。

**病理变化**　病变局限于鼻腔及邻近组织，可在上颌第一、第二对前臼齿连处与下颌垂直方向锯断鼻梁，观察鼻腔内及鼻甲骨的形状与变化，最具特征性病变的鼻腔软骨和鼻甲骨软化和萎缩甚至消失，鼻中隔发生弯曲。

## 五、猪流感

猪流行性感冒又称猪流感，是由猪流行性感冒病毒引起的猪的急性、高度接触性传染病，以传播迅速、发热和伴有呼吸系统症状为特征。常与副猪嗜血杆菌病或其他疾病混合或继发感染，使病情加重。

**流行病学**　猪流感是由流感病毒和猪嗜血杆菌协同作用引起，发病突然且经常全群爆发，有较明显的季节性，多与气温骤变和寒冷潮湿有关。

**临床症状**　本病的潜伏期很短，几小时到数天，几乎全群同时感染发病，体温 40～41.5℃，食欲减退或废绝，精神差，呼吸急促，夹杂阵发性咳嗽，眼、鼻有黏液性液体流出。

**病理变化**　咽喉黏膜、气管和支气管黏膜轻度充血，气管内有多量黏液，肺病变处呈深紫红色，肺门淋巴结和纵隔淋巴结极度肿大、水肿（彩图 3-9 至彩图 3-12）。

## 六、猪链球菌病

猪链球菌病是由致病性链球菌的多个血清型感染而引起的，血清型一般分为 3 个型：呈 β 溶血的溶血性链球菌，致病性强；呈 α 溶血的草绿色链球菌，致病力弱，引起局部脓肿；不溶血的链球菌，一般无致病性。急性的常以败血症和脑炎为主，慢性的以多发性关节炎、心内膜炎和淋巴结脓肿为其临床特征。还可发生肺炎、乳房炎、子宫内膜炎及流产、死胎等多种病症。

**流行病学** 一年四季均可发生，但以5—11月发生较多。发病率和病死率均很高，尤以哺乳仔猪最多，其次是架子猪，成年猪发病率较低。本病为地方流行性，在新疫区呈暴发性发生，多数为急性败血型，在短期内波及全群，发病率和病死率甚高。慢性型呈散发性。病猪和带菌猪是主要的传染源，病菌可以通过尿液、血液及分泌物等排出体外，经呼吸道及皮肤损伤处感染，初生仔猪可由脐带感染。

**临床症状**

（1）败血症型 个别猪突然死亡。大多数病猪体温升高41℃以上，食欲减退或废绝。眼结膜潮红，常伴有浆液性鼻漏和呼吸困难。后期皮下呈紫红色或紫红色斑块，以耳、颌下、腹下、四肢较常见。

（2）脑膜脑炎型 病猪常出现共济失调、转圈、磨牙、空嚼、昏睡、卧地时四肢摆动、头向后仰等神经症状。

（3）关节炎和心内膜炎型 病猪出现多发性关节炎，表现一肢或多肢关节肿跛行，严重时站立不起。

以上三型常混合存在，病症可先后出现，很少单独发生。

（4）化脓性淋巴结炎型 病猪颌下、咽部和颈部淋巴结肿胀，坚硬，有热痛感，严重时可影响采食，并造成呼吸困难，甚至形成脓肿，当化脓成熟后，自形破溃，全身症状也明显好转。

**病理变化** 急性败血型常见鼻、气管、肺充血、肺炎。全身淋巴结肿大出血、坏死，特别是肠系膜淋巴结肿胀严重，个别颌下淋巴结化脓。部分病猪在颈、背、皮下、肺、胃壁、肠系膜及胆囊壁等处常见有胶冻样水肿。脾肿胀，呈暗红色或紫蓝色，少数病例脾边缘常有出血性梗死。心内外膜、胃肠、膀胱均有不同程度的出血。病程较长的猪常见有心包炎、纤维素性胸膜炎和腹膜炎，胸腹腔积液。

出现脑炎时，常见脑膜充血、出血、脑脊髓的白质和灰质有出血点。

慢性关节炎型在肿胀的关节囊内见有黄色胶冻样液体或纤维素性脓性物质（彩图 3-13 至彩图 3-16）。

**诊断**　本病症状和病变较复杂，易与急性猪丹毒、急性猪瘟、李氏杆菌病相混淆，因此确诊要进行实验室诊断。采取病猪的心血、肝、淋巴结、脑、关节囊液涂片，用碱性美蓝或革兰氏染色镜检，可见单个、成对、短链或偶见数十个长链的革兰氏阳性球菌，即可确诊。

## 七、猪圆环病毒病

本病是由猪圆环病毒（PCV）引起猪的一种新的传染病，圆环病毒能破坏猪体的免疫系统，造成继发性免疫缺陷。其主要特征为猪的体质下降、消瘦、腹泻、呼吸困难、咳喘、贫血和黄疸等。

**流行病学**　本病流行以散发为主，有时可呈现暴发，病程发展较缓慢，有时可持续 12～18 个月之久。饲养管理不良，饲养条件差，饲料质量低，环境恶劣、通风不良、饲养密度过大，不同日龄的猪只混群饲养，以各种应激因素的存在均可诱发本病，并加重病情的发展，增加死亡。

**临床症状**　与圆环病毒Ⅱ型（PCV-2）有感染有关的猪病主要有以下 5 种疾病，其临床表现如下。

（1）仔猪断奶后多系统衰竭综合征（PMWS）　病猪表现精神、食欲下降，发热，被毛粗乱，进行性消瘦，生长迟缓，呼吸困难、咳嗽、气喘、贫血、皮肤苍白，体表淋巴结肿大。有的皮肤与可视黏膜发黄，腹泻，胃溃疡，嗜睡。临床上约有 20％的病猪呈现贫血与黄疸症状，具有诊断意义。

（2）猪皮炎和肾病综合征（PANS） 病猪发热，不食，消瘦，黏膜苍白，跛行，结膜炎，腹泻等。特征性症状是在会阴部、四肢、胸腹部及耳朵等处的皮肤上出现圆形或不规则形的红紫色斑点或斑块，有时这些斑块相互融合呈条带状，不易消失。

（3）母猪繁殖障碍 发病母猪主要表现为体温升高达41～42℃，食欲减退，出现流产、产死胎，弱仔、木乃伊胎。病后母猪受胎率低或不孕，断奶前仔猪死亡率上升达11%。

（4）猪间质性肺炎 临床上主要表现为猪呼吸道病综合征（PRDC），多见于保育期和肥育期的猪。咳嗽，流鼻液，呼吸加快，精神沉郁，食欲下降，生长缓慢。

（5）传染性先天性震颤 发病仔猪站立时震颤，由轻变重，卧下或睡觉时震颤消失，受外界刺激（如突然发生的噪声或寒冷等）时可以引发或加重震颤，严重时影响吃奶，以至死亡。如精心护理，多数仔猪3周内可恢复。

**病理变化**

（1）仔猪为奶后多系统衰竭综合征 可见间质性肺炎和黏液脓性支气管炎变化。肺脏肿胀，间质增宽，质地坚硬似橡皮样，其上面散在有大小不等的褐色实变区（间质性肺炎）。肝硬化、发暗。肾脏水肿、呈现灰白色，皮质部有白色病灶。脾脏轻并肿胀。胃的食管区黏膜水肿，有大片溃疡形成。盲肠和结肠黏膜充血、出血。全身淋巴结肿大4～5倍，切面为灰黄色，可见出血。特别是腹股沟、纵隔、肺门和肠系膜与颌下淋巴结病变明显。如有继发感染则可见胸膜炎、腹膜炎、心包积水、心肌出血、心脏变形、质地柔软（彩图3-17至彩图3-19）。

（2）猪皮炎和肾病综合征 主要是出血性坏死性皮炎和支脉炎，以及渗出肾小球性肾炎和间质性肾炎。剖检可见肾肿大、苍白，表面覆盖有出血小点。脾脏轻度肿大，有出血点。肝脏呈现橘黄色外观。心脏肥大,心包积液。胸腔和腹腔积液。淋巴结肿大,切面苍白。胃有溃疡。

（3）母猪繁殖障碍　可见死胎与木乃伊胎,新生仔猪胸、腹腔积水,心脏扩大、松弛、苍白,有充血性心力衰竭。

（4）猪间质性肺炎　可见弥漫性间质性肺炎,呈现灰红色,肺细胞增生,肺泡腔内有透明蛋白。细支气管上皮坏死。

**诊断**　病毒分离与鉴定、间接免疫荧光技术、PCR 技术和 ELISA 等都可对本病进行确诊。

## 八、副猪嗜血杆菌病

副猪嗜血杆菌（haemophilus parasuis）引起猪的多发性浆膜炎和关节炎,该病又称为革拉泽氏病（glässer's disease）。临床症状主要表现为咳嗽、呼吸困难、消瘦、跛行和被毛粗乱;剖检病变主要表现为胸膜炎、心包炎、腹膜炎、关节炎和脑膜炎等。

**流行病学**　主要在断奶前后和保育阶段发病,通常见于 5～8 周龄的猪,发病率一般在 10%～15%,严重时死亡率可达 50%。

**临床症状**　包括发热、食欲下降、厌食、反应迟钝、呼吸困难,疼痛（由尖叫推断）、关节肿胀、跛行,颤抖、共济失调、可视黏膜发绀、侧卧,随之可能死亡。急性感染后可能留下后遗症,即母猪流产,公猪慢性跛行。即使应用抗生素治疗感染母猪,分娩时也可能引发严重疾病,在通常的畜群中,哺乳母猪的慢性跛行可能引起母性行为极端弱化。咳嗽、呼吸困难、消瘦、跛行和被毛粗乱是主要的临床症状。

**病理变化**　肉眼可见的损伤主要是在单个或多个浆膜面,可见浆液性和化脓性纤维蛋白渗出物,这些浆膜包括腹膜、心包膜、胸膜、脑膜和关节腔,尤其是腕关节和跗关节。在显微镜下观察渗出物,可见纤维蛋白、中性粒细胞和较少量的巨噬细胞。

副猪嗜血杆菌也可能引起急性败血症，在不出现典型的浆膜炎时就呈现发绀、皮下水肿和肺水肿等（彩图3-20）。

**诊断** 疾病诊断通常建立在畜群病史调查、临床症状和尸体剖检的基础上，实验室诊断常用血清学方法，主要通过琼脂扩散试验、补体结合试验和间接血凝试验等。鉴别诊断要将副猪嗜血杆菌与败血性细菌感染相区别，能引起败血性感染的细菌有链球菌、猪丹毒丝菌、猪放线杆菌、猪霍乱沙门氏菌、胸膜肺炎放线杆菌。

# 第三节 引起猪呼吸系统症状的
# 疾病鉴别诊断

气喘，即呼吸困难，又称呼吸窘迫综合征（respiratory distress syndrome，RDS），是一种以呼吸用力和窘迫为基本临床特征的症候群。气喘不是一个独立的疾病，而是许多原因引起或许多疾病伴有的一种临床常见多发的综合征。

呼吸困难，表现为呼吸强度、频度、节律和方式的改变。按呼吸频度和强度的改变，分为吸气性呼吸困难、呼气性呼吸困难和混合性呼吸困难；按呼吸节律的改变，分为断续性呼吸、潮式呼吸（即陈-施二氏呼吸）、间歇呼吸（即毕奥托氏呼吸）、深长大呼吸（即库斯莫尔氏呼吸）；按呼吸方式的改变，分为胸式呼吸和腹式呼吸。

## 一、呼吸困难病因学分类

哺乳动物的呼吸功能，指的是通过血液—肺泡间及血液-组织间的气体交换，将物质代谢所需的氧气由外界吸入，经血液输送到细胞利用，并将物质代谢（氧化磷酸化过程，呼吸链）产生的二氧化碳由细胞排出，经血液输送到肺泡呼出体外。换句话说，正常的呼吸过程包括三大环节：外呼吸（肺呼吸），吸入氧气，呼出二氧化碳；中间运载（血液呼吸），输入氧气，输出二氧化碳；内呼吸（组织呼吸），摄入、利用氧气，生成排出二氧化碳。上述呼吸过程各环节，均受呼吸中枢等神经体液机制的调节和控制。因此，呼吸困难综合征，可按呼吸功能障碍的病因和主要发病环节，分为如下八大类。

**1. 乏氧性呼吸困难**　即氧气稀薄性气喘，是大气内氧气贫乏所致的呼吸困难，如各种动物的高山不适应证及牛的胸病，表现混合性呼吸困难。

**2. 气道狭窄性呼吸困难**　即通气障碍性气喘，包括鼻腔、喉腔、气管腔等上呼吸道狭窄所致的吸气性呼吸困难；还包括细小支气管肿胀、痉挛等下呼吸狭窄所致的呼气性呼吸困难。

**3. 肺源性呼吸困难**　即换气障碍性气喘，包括非炎性肺病和炎性肺病等各种肺病时因肺换气功能障碍所致的呼吸困难。肺源性呼吸困难，除慢性肺泡气肿和马的慢性阻塞性肺病（chronic obstuctive pulmonary disease，COPD）为呼气性呼吸困难外，其余表现为混合性呼吸困难。

属于非炎性肺病的，有肺充血、肺水肿、肺出血、肺不张（膨胀不全）、急性肺泡气肿、慢性肺泡气肿和间质性肺气肿；还有以肺水肿、肺出血、急性肺泡气肿和间质性肺气肿为病理学基础的黑斑病甘薯中毒、白苏中毒、再生草热（应变性肺炎）、安妥中毒等中毒性疾病。

属于炎性肺病的，有卡他性肺炎、纤维素性肺炎、出血性肺炎、化脓性肺炎、坏疽性肺炎、硬结性肺炎；还有以这些肺炎作为病理学基础的霉菌性肺炎、细菌性肺炎、病毒性肺炎、支原体肺炎、丝虫性肺炎、钩虫性肺炎、原虫性肺炎等各种传染病和侵袭病。

**4. 胸腹源性呼吸困难**　即呼吸运动障碍性气喘，是胸、肋、腹、膈疾病时因呼吸运动发生障碍所致的呼吸困难。

胸源性呼吸困难，表现为腹式混合性呼吸困难，系胸、肋疾病如胸膜炎、胸腔积液、胸腔积气、肋骨骨折等所致。

腹源性呼吸困难，表现为胸式混合性呼吸困难，系腹、膈疾病如急性弥漫性腹膜炎、胃肠膨胀、腹腔积液、膈肌病、膈疝、膈痉挛、膈麻痹等所致。

**5. 血源性呼吸困难** 即气体运载障碍性气喘，系红细胞、血红蛋白数量减少和/或血红蛋白性质改变，载氧气、释氧气障碍所致。

血源性气喘，表现混合性呼吸困难，运动之后更为明显，恒伴有可视黏膜和血液颜色的一定改变，见于各种原因引起的贫血（苍白、黄染）、异常血红蛋白分子病（鲜红，红色发绀）、一氧化碳中毒（鲜红）、家族性高铁血红蛋白血症（褐变）、亚硝酸盐中毒（褐变）等。

**6. 心源性呼吸困难** 即肺循环淤滞-组织供血不足性气喘，系心力衰竭尤其左心衰竭的一种表现，多为混合性呼吸困难，运动之后更为明显。

心源性气喘，见于心肌疾病、心内膜疾病、心包疾病的重症和后期，还见于许多疾病的危重濒死期。伴有心力衰竭固有的心区指征和/或全身体征。

**7. 细胞性呼吸困难** 即内呼吸障碍性气喘，系细胞内氧化磷酸化过程受阻，呼吸链中断，组织氧供应不足或失利用（内窒息）所致。细胞性呼吸困难，表现为混合性高度以至极度呼吸困难或窒息危象，见于氢氰酸中毒等，特点是静脉血色鲜红而动脉化，病程急促而呈闪电式。

**8. 中枢性呼吸困难** 即呼吸调控障碍性气喘。起因于脑炎、脑膜炎、脑水肿、脑出血、脑肿瘤时的颅内压增高及高热、酸中毒、尿毒症、巴比妥和吗啡等药物中毒时呼吸中枢的抑制和麻痹。除一般脑症状明显和灶症状突出外，常伴有呼吸节律改变的混合性呼吸困难。

## 二、引起呼吸困难症状鉴别路线

　　猪的呼吸困难大体由心源性气喘、肺源性气喘和血源性气喘三大类原因引起的，这是鉴别诊断的原则性思路（图 3-1）。

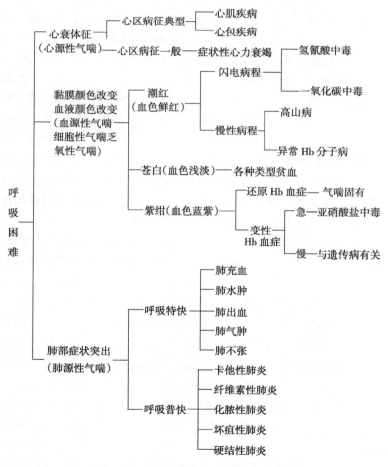

图 3-1　引起呼吸困难症状鉴别路线

### 三、咳嗽的病因分类

咳嗽（cough）是动物机体高度协调的保护性反射动作。它的形成是由于呼吸道分泌物、病灶及外来因素刺激呼吸道和胸膜，通过神经反射，使咳嗽中枢发生兴奋，引起咳嗽，并将呼吸道中的异物和分泌物咳出，以保持呼吸道的清爽洁净和畅通，维持正常的呼吸功能。引起咳嗽的感受器位于咽、喉、气管、支气管、肺和胸膜，传入神经是舌咽神经和迷走神经，咳嗽中枢位于延髓，传出神经为运动神经。咳嗽动作有 4 个步骤：第一，短而深的吸气；第二，声门关闭；第三，膈肌和肋间肌强烈收缩，肺内压增高，突发强烈呼气；第四，气流猛然冲出声门而发出特殊的声音。

咳嗽是猪呼吸系统疾病中最常见的症状之一，常与呼吸困难同时出现。尽管咳嗽是一种保护性反射动作，但长时间剧烈的咳嗽有助于致病因子在呼吸道内扩散，从而加重感染，还因肺内压升高而引起肺泡气肿，对机体产生不利的影响。

**1. 普通感染疾病**　常见于上呼吸道疾病（如咽炎、喉炎、喉水肿等），气管和支气管疾病（如气管异物、气管炎、支气管炎等），肺脏疾病（如肺炎、肺充血、肺水肿、肺气肿、肺脓肿等），胸膜疾病（如胸膜炎、胸膜肺炎等）。

**2. 传染病**　常见于猪传染性胸腹肺炎、猪繁殖与呼吸障碍综合征、猪肺疫、副猪嗜血杆菌感染、霉菌性肺炎等。

**3. 寄生虫感染**　常见肺线虫病、肺棘球蚴病等。

**4. 理化因素**　环境空气中的刺激性烟雾、有害气体对上呼吸道黏膜的直接刺激，如猪舍中的氨气、硫化氢等气体含量过多，也见于吸入过冷或过热的空气及各种化学药品的刺激。

**5. 过敏性因素**　常见的致敏原有花粉、饲料中的霉菌孢子等，吸入呼吸道后引起过敏性炎症，出现咳嗽。

## 四、猪咳嗽症状的疾病鉴别

猪咳嗽症状分类与引起咳嗽的疾病临床特点有密切的联系（表3-1）。

表3-1　猪咳嗽症状的鉴别

| 鉴别要点 | 分类 | 临床特点 | 病因 |
|---|---|---|---|
| 咳嗽频率 | 单咳 | 每次发生一声至数声咳嗽，待呼吸道内分泌物和炎性产物被排除后则咳嗽停止，常反复发生 | 慢性支气管炎、结核病、肺线虫病等 |
| | 频咳 | 频繁而连续的咳嗽，严重者可呈痉挛性咳嗽 | 上呼吸道感染、弥漫性支气管炎 |
| | 发作性咳嗽 | 突然发生剧烈咳嗽，连续不断且有疼痛 | 急性喉炎和异物性肺炎 |
| | 经常性咳嗽 | 咳嗽持续数周、数月 | 慢性肺气肿、慢性支气管炎、肺结核病等 |
| 咳嗽性质 | 干咳 | 特征为干而短的咳嗽，咳嗽声音清脆 | 胸膜炎、上呼吸道炎症初期、慢性支气管炎、肺结核病 |
| | 湿咳 | 咳嗽的声音钝浊、湿而长，并将分泌物咳出体外 | 喉咽炎、气管炎、支气管炎、肺炎 |
| 咳嗽强度 | 强咳 | 咳嗽发生时声音强大而有力，见于上呼吸道炎症或异物刺激 | 表明肺组织弹性良好 |
| | 弱咳 | 咳嗽弱而无力，声音嘶哑，主要是细支气管和肺脏患病时所发出的咳嗽 | 胸膜炎、胸膜粘连、严重的咽喉炎 |

## 五、引起哺乳仔猪咳嗽和呼吸困难症状的疾病鉴别

引起哺乳仔猪咳嗽和呼吸困难症状的疾病主要有链球菌病、弓形虫病、伪狂犬病、支气管败血波氏杆菌肺炎、繁殖和呼吸综合征、副猪嗜血杆菌病、胸膜肺炎放线杆菌病和贫血等，这些

疾病的鉴别见表3-2。

表3-2　引起哺乳仔猪呼吸困难和咳嗽症状的疾病鉴别

| 疾　病 | 发病日龄 | 症　状 | 剖检变化 |
|---|---|---|---|
| 链球菌病 | 1周龄或更大 | 呼吸困难，咳嗽 | 纤维素性肺炎 |
| 伪狂犬病 | 所有日龄 | 呼吸困难，发热、流涎、呕吐、腹泻、神经症状，高死亡率 | 肺炎、肠溃疡，肝脏肿大，各器官有白色坏死灶 |
| 繁殖与呼吸综合征 | 所有日龄 | 呼吸困难，张口呼吸，发热，眼睑水肿，仔猪衰竭综合征 | 褐色斑状，多灶性至弥漫性肺炎，胸部淋巴结水肿增大 |
| 支气管败血波氏杆菌肺炎 | 3日龄或更大 | 咳嗽，衰弱，呼吸快，发病猪死亡率高 | 全肺分布有斑状肺炎病变 |
| 副猪嗜血杆菌、胸膜肺炎放线杆菌感染 | 1周龄或更大 | 呼吸困难，咳嗽 | 因病原而异。常见出血和纤维素性变化 |
| 弓形虫病 | 所有日龄 | 呼吸困难，发热，腹泻，神经症状 | 肺炎、肠溃疡、肝脏肿、各器官有白色坏死灶 |
| 缺铁性贫血 | 1.5～2周龄或更大 | 体温正常，体表苍白，易因活动而疲劳。呼吸频率快，被毛粗 | 心扩张，有大量心包液，肺水肿，脾脏肿大 |

## 六、有高热区别的呼吸困难疾病的鉴别

除呼吸困难症状外，还伴有高热症状的疾病多由病毒和细菌感染引起的。根据是否伴有高热症状分成两大类疾病，并对疾病的剖检变化特点和伴随症状做如下鉴别（表3-3）。

表 3-3　有高热区别的呼吸困难疾病的鉴别

| 是否高热 | 疾　病 | 伴随症状 | 剖检变化特点 |
|---|---|---|---|
| 不高热、咳嗽、呼吸困难 | 慢性支气管炎 | 体温、食欲无大变化 | |
| | 气喘病 | | 肺小叶对称性实变 |
| | 猪传染性萎缩性鼻炎 | 眼下有泪痕，鼻漏或变形，结膜炎 | 鼻甲骨萎缩、上颌骨变形 |
| | 猪结核病 | 消瘦，被毛粗 | 剖检见肺部有特征性结核结节病变 |
| | 缺铁性贫血 | 体表苍白，易因活动而疲劳 | 心扩张，有大量心包液，肺水肿，脾脏肿大 |
| 高热、咳嗽、呼吸困难 | 急性猪肺疫 | 常突然死亡。大多数病猪体温升高至 41℃ 以上，食欲废绝，咽喉部红肿，热而硬，有痛感 | 纤维素性胸膜肺炎变化 |
| | 繁殖与呼吸障碍综合征 | 仔猪呼吸困难和贫血 | 斑状间质性肺炎，淋巴结肿大呈褐色 |
| | 猪流感 | 发病急，发病率 100%，衰弱，艰难的阵发性咳嗽，发热 | 剖检气管、支气管内有黏液，肺脏有深紫色的下陷区 |
| | 弓形虫病 | 呼吸困难，发热，腹泻，神经症状 | 肝脏、淋巴结有坏死灶 |

## 七、猪剖检见有间质性肺炎的传染病鉴别

间质性肺炎在许多疾病中都有发生，通过间质性肺炎这一病理特点对引起的疾病做出鉴别见表 3-4。

表3-4　猪剖检见有间质性肺炎的传染病鉴别

| 疾　病 | 流行特点 | 临床症状 | 剖检变化 |
|---|---|---|---|
| 猪圆环病毒病 | 断奶后仔猪易感，主要感染8～12周龄（多系统衰竭症） | 消瘦，皮肤苍白或黄染、咳嗽、呼吸困难，持续性或间歇性腹泻 | 全身淋巴结肿大，呈灰白或暗红色，可见小点坏死灶 |
| 猪繁殖与呼吸障碍综合征 | 所有日龄 | 呼吸困难，张口呼吸，发热，眼睑水肿，仔猪衰竭综合征 | 褐色斑状，多灶性至弥漫性肺炎，胸部淋巴结水肿增大 |
| 猪弓形虫病 | 所有日龄 | 呼吸困难，发热，腹泻，神经症状 | 肺炎、肠溃疡，肝脏肿大，各器官有白色坏死灶 |
| 猪衣原体病 | 肺炎多见于断奶前后的仔猪。生长发育不良，死亡率高 | 患猪表现体温上升，无精神，颤抖，干咳，呼吸迫促 | |

## 八、引起断奶仔猪或成猪咳嗽和呼吸困难症状的疾病鉴别

断奶仔猪或成猪呼吸系统疾病的鉴别诊断初步从临床症状和剖检变化做出初诊，准确诊断还需进一步实验室鉴定分析。对这些疾病的临床症状、剖检变化和进一步鉴别诊断比较见表3-5。

表3-5　引起断奶仔猪或成猪咳嗽和呼吸困难的疾病鉴别

| 疾　病 | 临床症状 | 剖检变化 | 进一步诊断 |
|---|---|---|---|
| 副猪嗜血杆菌、链球菌、支原体 | 咳嗽不明显，但呼吸困难且发绀、发热、食欲下降，可勉强移动，步态不稳，共济失调，关节肿胀 | 浆液纤维素性胸膜炎、心包炎、关节炎和腹膜炎，有纤维蛋白样渗出物 | 分离病原 |

（续）

| 疾　　病 | 临床症状 | 剖检变化 | 进一步诊断 |
|---|---|---|---|
| 猪肺炎支原体、猪霍乱、猪多杀性巴氏杆菌 | 开始主要表现呼吸道症状，呼吸困难，咳嗽，食欲减退，发热，腹式呼吸，不同的猪群感染，临床症状严重程度不一样 | 病变一般分布于胸腔，肺组织实变区伴有程度不一小叶内水肿 | 微生物培养，荧光抗体检查猪肺炎支原体 |
| 胸膜肺炎放线杆菌 | 临床经过快，发热，厌食，沉郁、严重呼吸困难，张口呼吸，发绀，从口鼻排出带血色的泡沫 | 肺弥漫性急性出血性坏死，特别是膈叶背侧。纤维素性胸膜炎，胸腔内有血色液体，气管中有带血的气泡 | 细菌分离、血清学检查 |
| 繁殖与呼吸障碍综合征病毒、猪流感病毒 | 呼吸困难，咳嗽，食欲减退，发热 | 褐色至斑状间质性肺炎，淋巴结肿大、水肿呈褐色 | 病毒分离，血清学检查、PCR检测 |
| 猪蛔虫病 | 咳嗽、其他症状轻微 | 肺萎缩、出血、水肿、气肿，肝小叶间隔和间隔周缘出血和坏死 | 检查粪便中的虫卵，尸体剖检 |
| 后圆线虫病 | 咳嗽、其他症状轻微 | 膈叶后腹缘有支气管炎和细支气管炎，有萎陷区 | 检查粪便中的虫卵，尸体剖检，接触泥土史 |
| 猪流感 | 发病特急，发病率近100%，极度衰弱，完全厌食，呼吸费力，痉挛，艰难的阵发性咳嗽，发热 | 常无剖检机会，因为如无其他疾病，仅流感本身不会致死，咽、喉、气管、支气管内有黏液，肺脏有深紫色的下陷区 | 血清学检查，咽部拭子分离病毒 |
| 猪瘟、非洲猪瘟 | 全身性症状、喷嚏、咳嗽、呼吸困难、发热、厌食、初期便秘后期腹泻，伴随震颤，运动失调和抽搐 | 组织水肿，淋巴结水肿有出血斑，膀胱和肾脏有出血点或出血斑，肝脏、脾脏肿大，脾脏梗死 | 荧光抗体检测 |

（续）

| 疾　　病 | 临床症状 | 剖检变化 | 进一步诊断 |
|---|---|---|---|
| 伪狂犬病 | 全身性症状，喷嚏、咳嗽、呼吸困难、发热、厌食、呕吐、腹泻，伴随震颤，运动失调和抽搐 | 肉眼病变少，坏死性扁桃体炎和咽炎，肝脏有白色小坏死灶 | 病毒分离或扁桃体荧光抗体检测，血清学检查 |
| 其他病因；全身性疾病 | 呼吸快，张口气粗，不咳嗽 | | |

## 九、引起仔猪和成猪打喷嚏的疾病鉴别

猪打喷嚏是个呼吸系统常见症状，引起这一症状的疾病有萎缩性鼻炎、血凝性脑脊髓炎、猪繁殖与呼吸障碍综合征、伪狂犬病等。这些疾病流行情况、伴随症状和剖检变化鉴别见表3-6。

表3-6　引起仔猪和成猪打喷嚏的疾病鉴别

| 疾　　病 | 发病时间 | 伴随症状 | 其他猪症状 | 剖检变化 |
|---|---|---|---|---|
| 萎缩性鼻炎 | 1周龄以下猪无明显症状，快断奶时常见喷嚏 | 眼下有泪痕，鼻漏或变形，结膜炎 | 较大猪可能打喷嚏或眼有泪痕，口鼻部变形 | 鼻甲骨萎缩，鼻中隔歪斜，浆液至脓性渗出液 |
| 血凝性脑脊髓炎 | 出生后1个月左右最易感 | 以神经症状、运动障碍为主要特征 | | 仅可见脑或脊髓严重充血、水肿或脑膜出血 |
| 猪繁殖与呼吸障碍综合征 | 慢性多见于哺乳仔猪，也可见于小猪和架子猪等其他猪群 | 呼吸困难，眼睑水肿，生长差 | 仔猪呼吸困难突出，母猪流产、高热 | 轻度鼻炎，无鼻甲骨萎缩，间质性肺炎，淋巴结肿大呈褐色 |

（续）

| 疾　病 | 发病时间 | 伴随症状 | 其他猪症状 | 剖检变化 |
|---|---|---|---|---|
| 环境污染物氨、尘埃感染 | 任何日龄，环境中尘埃和氨的量超标 | 流泪，浅表呼吸，浆液性鼻液 | 母猪可见轻度症状，仔猪症状明显 | 呼吸道上皮轻度炎症 |
| 伪狂犬病 | 任何日龄，小猪易感、症状严重 | 喷嚏是一种轻微的症状，主要是全身性症状 | 发病急，从一猪群开始迅速传染至其他猪群。在小猪则神经症状明显，成猪表现为流产、不孕、睾丸炎 | 肉眼病变少，坏死性扁桃体炎和咽炎，肝脏有白色小坏死灶 |

## 十、猪链球菌病与副猪嗜血杆菌病的鉴别

　　猪链球菌病与副猪嗜血杆菌病在临床上和病理剖检上极易混淆，在此对两者的鉴别从流行病学、临床特点、病理剖检变化、鉴别要点进行比较（表3-7）。

表3-7　猪链球菌病与副猪嗜血杆菌病的鉴别

| 项　　目 | 猪链球菌病 | 副猪嗜血杆菌病 |
|---|---|---|
| 病原体 | 主要是C群兽疫链球菌（G阳性） | 副猪嗜血杆菌（G阴性） |
| 易感动物 | 猪和人均有易感性 | 只有猪易感 |
| 发病年龄 | 各种年龄均可发病，败血型和脑炎型多见仔猪 | 可影响到2周龄到4月龄的猪，5～8周龄猪多发 |
| 发病季节 | 一年四季均可发生，但以5—11月多发 | 一年四季均可发生，但以寒冷季节多见（主要是长途运输或应激为诱因） |
| 临床特点 | 发热，结膜潮红，有浆液性鼻液，皮肤广泛性充血、潮红，部分病猪出现多发性关节炎、跛行，有的出现共济失调等神经症状 | 发热和呼吸困难或咳嗽，关节肿胀。有明显的跛行、共济失调或四肢麻痹、颤抖等神经症状。可视黏膜发绀 |

（续）

| 项　目 | 猪链球菌病 | 副猪嗜血杆菌病 |
|---|---|---|
| 病理剖检变化 | 依据病型不同，其病理变化也不尽相同，急性败血型见有心包炎、腹膜炎、脑膜炎，皮下水肿和肺水肿等渗出性变化。脾脏显著肿大，肾瘀血、出血和肿大，淋巴结出血肿大。胃和小肠出血。慢性型主要以关节炎和淋巴结增生和坏死为特征 | 主要病变为心包炎、胸膜炎、腹膜炎、关节炎、脑膜炎，有的皮下出现水肿和肺水肿，肝脏和肾脏瘀血肿大 |
| 敏感药物 | 经农业部 2005 年药敏试验确定该病对下列药物最为敏感：氟苯尼考、甲砜霉素、喹诺酮类 | 氨苄西林、头孢菌素、喹诺酮类及四环素类均较敏感 |
| 鉴别要点 | 二者除有共同的浆膜炎和脑膜炎外，链球菌病的脾脏显著肿大，肾脏的出血和肿大也特别明显，同时链球菌病的胃和小肠出血严重。呼吸道症状没有副猪嗜血杆菌病明显 | 除有共同的浆膜炎和脑膜炎外，副猪嗜血杆菌病的脾脏不肿大，胃和小肠也无出血性变化，但呼吸道和神经症状较重 |

## 十一、副猪嗜血杆菌病和猪支原体性多发性浆膜炎和关节炎的鉴别

副猪嗜血杆菌病和猪支原体性多发性浆膜炎和关节炎的临床症状很相似，所以有必要做出深入鉴别（表 3-8）。

表 3-8　副猪嗜血杆菌病和猪支原体性多发性浆膜炎和关节炎的鉴别

| 项　目 | 副猪嗜血杆菌病 | 猪支原体性多发性浆膜炎和关节炎 |
|---|---|---|
| 病原体 | 副猪嗜血杆菌 | 猪鼻支原体 |
| 发病年龄 | 可影响到 2 周龄到 4 月龄的猪，5~8 周龄猪多发 | 多发生在 3~10 周龄，其他日龄的猪只也偶见发生 |

（续）

| 项　　目 | 副猪嗜血杆菌病 | 猪支原体性多发性浆膜炎和关节炎 |
|---|---|---|
| 发病率与死亡率 | 10%～15%发病率，严重时死亡率可达50% | 发病率与死亡率比副猪嗜血杆菌病低得多 |
| 易感动物 | 只有猪易感 | 只有猪易感 |
| 发病季节 | 一年四季均可发生，但以寒冷季节多见（主要是长途运输或应激为诱因） | 没有明显的季节性，但以寒冷季节多发 |
| 临床特点 | 发热和呼吸困难或咳嗽，关节肿胀。有明显的跛行，共济失调或四肢麻痹，颤抖等神经症状。可视黏膜发绀 | 发热一般在40℃以上，呼吸困难，跛行，关节肿胀，腹部疼痛，但无共济失调、颤抖等神经症状 |
| 病理剖检变化 | 主要病变为心包炎、胸膜炎、腹膜炎、关节炎、脑膜炎，有的皮下出现水肿和肺水肿，肝脏和肾脏瘀血肿大 | 在心包膜、腹膜、胸膜等处，见有浆液性蛋白性及脓性纤维素性渗出物，这些个病变也见于关节腔黏膜，同时尸体也有败血症变化。但纤维蛋白渗出物的颜色较副猪嗜血杆菌病的颜色略黄 |
| 敏感药物 | 氨苄西林、头孢菌素、喹诺酮类及四环素类均较敏感 | 恩诺沙星和泰乐菌素 |
| 鉴别要点 | 这两种病虽然都有浆膜炎，但二者在病原体、发病率与死亡率、发热程度、神经症状及纤维素性渗出物等方面均有不同之处，可以区别 | |

## 十二、猪肺疫与猪传染性胸膜肺炎的鉴别

　　猪肺疫的呼吸道症状较猪传染性胸膜肺炎轻，后者的主要病变局限为肺炎和胸膜炎。大多数传染性胸膜肺炎胸肺均有粘连，其他病变少见。而猪肺疫不仅有肺炎病变，还有胃肠炎和淋巴结肿大和出血病变，猪肺疫病例中脾脏不肿大（表3-9）。

表 3-9　猪肺疫与猪传染性胸膜肺炎的鉴别

| 项　　目 | 猪肺疫 | 猪传染性胸膜肺炎 |
|---|---|---|
| 病原体 | 巴氏杆菌（G 阴性） | 胸膜肺炎放线杆菌（G 阴性） |
| 流行病学 | 无明显季节性，但以寒冷季节多见，呈散发，有时也呈地方性流行。大小猪均有易感性，中小猪发病率高。该病多发生于其他传染病之后 | 大小猪均有易感性，但 4～5 月龄的猪发病率高，一般冬春季多发，急性型发病率和死亡率均较高 |
| 临床特点 | 急性型：高热，呼吸困难，黏膜发绀，咽喉部肿胀，后期常在耳根、颈部、腹部等处皮肤发绀。有鼻液和脓性眼屎，先便秘后腹泻。慢性型：表现为肺炎或慢性肠炎，体温时高时低，个别有关节肿胀的 | 急性型：最初有轻度的呕吐和腹泻，没有明显呼吸道症状，后期呼吸高度困难、咳嗽，常呈犬坐姿势，张口伸舌，个别猪口鼻流出血样泡沫。耳鼻及四肢皮肤蓝紫色。慢性型体温多不升高，有不自觉地咳嗽 |
| 病理剖检变化 | 全身黏膜、浆膜和皮下组织有出血点，尤以喉头及其周围组织的出血性水肿。全身淋巴结肿胀、出血。脾有出血但不肿大。胃肠黏膜出血性炎症。病程稍长者发生纤维素性肺炎。肺有不同程度水肿和肝变区，胸膜与病肺粘连，胸腔及心包积液 | 主要病变为肺炎和胸膜炎。大多数病例，胸膜表面广泛性纤维素沉积，胸腔液呈血色，肺广泛性充血、出血水肿和肝变。气管和支气管内有大量的血色液体和纤维素凝块。病程较长的病例，见肺有坏死灶或脓肿，胸膜粘连 |
| 敏感药物 | 氨苄西林、喹诺酮类及四环素类均较敏感 | 氨苄西林、喹诺酮类及四环素类均较敏感 |
| 不同点 | 猪肺疫的呼吸道症状较猪传染性胸膜肺炎轻，后者的主要病变局限为肺炎和胸膜炎。大多数传染性胸膜肺炎胸肺均有粘连，其他病变少见。而猪肺疫不仅有肺炎病变，还有胃肠炎和淋巴结肿大和出血病变，猪肺疫病例中脾脏不肿大 | |

## 十三、猪蓝耳病与猪圆环病毒病的鉴别

猪圆环病毒病多呈现贫血与黄疸症状，猪蓝耳病多表现为呼吸困难、体温升高、耳朵发绀等。这两者的流行病学、临床

特点、病理变化比较见表3－10。

表3－10 猪蓝耳病与猪圆环病毒病的鉴别

| 项 目 | 猪蓝耳病 | 猪圆环病毒病 |
|---|---|---|
| 病原体 | 动脉炎病毒属的病毒 | 圆环病毒（PCV－2） |
| 发病日龄 | 胎儿、哺乳仔猪及断奶后的仔猪、母猪等易感 | 断奶后2～3周龄的仔猪开始发病，5～8周龄基本平息 |
| 发病率 | 出生后1周的病死率25％～40％ | 发病率为20％～60％，病死率为5％～35％ |
| 临床特点 | 患病的母猪病初出现发热、厌食、咳嗽、呼吸急促，后期呈现流产、早产、木乃伊胎、弱仔等，少数病猪出现耳尖、四肢、腹部等末端发绀。仔猪表现为呼吸困难，体温升高，耳朵发绀、眼睑水肿、共济失调或后躯瘫痪，全身症状明显，致死率可达80％～100％，成年猪和青年猪发病的症状较轻 | 仔猪断奶后多系统衰竭综合征（PMWS），病猪表现精神、食欲下降，发热，被毛粗乱，进行性消瘦，生长迟缓，呼吸困难、咳嗽、气喘、贫血、皮肤苍白，体表淋巴结肿大。有的皮肤与可视黏膜发黄，腹泻，胃溃疡，嗜睡。临床上约有20％的病猪呈现贫血与黄疸症状，具有诊断意义 |
| 病理剖检变化 | 哺乳仔猪的病变为：肺脏呈胸腺样或呈肝样，标志性病变淋巴结呈褐色肿大，眼球结膜水肿。胸腔和心包液增多。流产的胎儿呈棕色，胎儿常见脐带的一部分或全部出血，在胎儿的肾周围和结肠系膜处有水肿，这是本病胎儿的常见病变。育肥猪的病变为：淋巴结肿大。肺脏呈混合性感染，呈暗红色或褐色。也呈间质性肺炎病变 | 可见间质性肺炎和黏液脓性支气管炎变化。肺脏肿胀，间质增宽，质地坚硬似橡皮样，其上面散在有大小不等的褐色实变区。肝硬化、发暗。肾脏水肿、呈现灰白色，皮质部有白色病灶。脾脏轻并肿胀。胃的食管区黏膜水肿，有大片溃疡形成。盲肠和结肠黏膜充血、出血。全身淋巴结肿大4～5倍，切面为灰黄色，可见现血。特别是腹股沟、纵隔、肺门和肠系膜与颌下淋巴结病变明显 |
| 治疗药物 | 抗生素治疗无效，只能通过注射疫苗来防治 | 可用黄芪和广谱抗生素 |

# 第四章 猪生殖泌尿系统疾病的鉴别诊断

## 第一节 猪生殖泌尿系统病理特点

### 一、肾炎

肾炎是指以肾小球、肾小管和肾间质的炎症性变化为特征的疾病。肾炎分为肾小球肾炎、间质性肾炎、化脓性肾炎和肾盂肾炎。

#### (一)肾小球肾炎

肾小球肾炎是一组以肾小球损害为主的变态反应性疾病。肾小球肾炎分为原发性肾小球肾炎和继发性肾小球肾炎。原发性肾小球肾炎在临床上被称为肾炎,它是指原发病变在肾小球;继发性肾小球肾炎指在全身性或系统性疾病中出现的肾小球病变,如过敏性肾炎、红斑狼疮性肾炎,高血压、代谢性疾病及糖尿病等引起的肾小球病变。本节仅介绍原发性肾小球肾炎。

**病因及发病机制** 肾小球性肾炎的原因和发病机制尚不十分明了。大量动物试验性肾小球性肾炎研究表明,大多数(90%以上)肾小球性肾炎的发生都与免疫反应有关,主要机制是由于抗原抗体免疫复合物在肾小球毛细血管沉积所引起的变态反应。抗原抗体免疫复合物的形成可通过下述两种方式或途径。

(1)原位免疫复合物形成

①抗肾小球基膜性肾炎(anti-GBM GN):抗体直接与肾小球基膜(GBM)本身的抗原成分发生反应,在肾小球基膜原位形成免疫复合物,导致肾小球的损伤。

②抗植入性抗原性肾小球肾炎:抗体与原先植入于肾小球的

抗原在原位发生反应，形成免疫复合物，引起肾小球肾炎。

（2）循环免疫复合物沉积　此种类型属于Ⅲ型变态反应，由非肾小球性的内源性或外源性可溶性抗原引起的免疫反应所产生的相应的抗体对肾小球成分无免疫特异性，在血液中形成免疫复合物，这些抗原抗体免疫复合物随血液流经肾时，由于它的理化性质和特有的血液动力因素沉积于肾小球而引起肾小球的损伤。

免疫复合物在肾小球内沉积后，可被巨噬细胞和系膜细胞吞噬、分解，炎性改变随之减退。若大量抗原持续存在，免疫复合物不断形成并在肾内沉积，可引起慢性膜性增生性改变。

除免疫复合物沉积可导致肾小球损伤外，针对肾小球细胞抗原的抗体可直接引起细胞损伤，即抗体依赖的细胞毒反应。如抗系膜细胞抗原的抗体可引起系膜溶解，随后出现系膜细胞增生；抗内皮细胞抗原的抗体引起内皮细胞损伤、血栓形成。

**病理变化**　临床上主要表现为蛋白尿、血尿、管型尿、水肿和高血压。肾小球肾炎是变态反应性炎症，所以其基本病理变化既有免疫复合物产生，又有炎症反应具有的基本病变，即变质、渗出、增生。

（1）增生性病变　增生性病变是肾小球肾炎的主要病变。肾小球中几乎所有的组织、细胞均可增生。

（2）变质性病变　早期可见肾小球毛细血管内皮细胞和血管系膜细胞肿胀。严重的可出现毛细血管壁节段性或局灶性纤维素样坏死，并可伴有微血栓形成。

（3）炎性渗出性病变　在急性炎症，肾小球毛细血管扩张充血，毛细血管通透性增强，血浆蛋白、中性粒细胞等渗出并浸润于毛细血管祥、血管系膜、肾球囊、肾小球及肾间质。

（4）基底膜增厚　基底膜的增厚可以是基底膜本身的增厚，也可以由内皮下、上皮下底膜本身的蛋白性物质（免疫复合物、淀粉样物质）的沉积引起。增厚的基底膜理化性状发生改变，通透性增高，代谢转换率下降，不易被分解和清除，最终引起血管祥或肾小球硬化。

### （二）化脓性肾炎

化脓性肾炎是指肾实质因感染化脓性细菌而发生的化脓性炎症。常见于猪、牛和马。

**病因与发病机制** 引起化脓性肾炎的细菌主要有链球菌、葡萄球菌、放线菌、大肠杆菌、化脓性棒状杆菌和肾炎志贺菌等。化脓性肾炎往往是机体其他器官的化脓性炎症、化脓性肺炎、创伤性心包炎、蜂窝织炎、化脓性关节炎、化脓性脐炎、化脓性膀胱炎等化脓性细菌团块向肾脏转移的结果。化脓性细菌可通过两种感染途径引起化脓性肾炎。

（1）血源（下行）性感染 当机体发生败血症或化脓性肺炎、创伤性心包炎、蜂窝织炎、化脓性关节炎时，化脓菌经血液进入肾脏，首先在肾小球毛细血管丛形成细菌性塞，随后在肾小球形成化脓灶并逐渐向肾小球四周扩展，亦即以肾小球为中心形成化脓灶。

（2）尿源（上行）性感染 为常见的感染途径。下位尿路发生感染，化脓菌沿输尿管或输尿管周围的淋巴结上行至肾盂，先引起肾盂肾炎，在该处形成化脓灶，进而由肾乳头集合管而进入肾实质，形成化脓性肾炎。病原菌以大肠杆菌为主，病变可为单侧或双侧。

**病理变化** 眼观病变可见肾脏肿大，被膜易剥离，表面散布粟粒至黄豆大稍隆起的黄色或黄白色圆形化脓灶。其周边常有红色充血的炎症反应带。切面肾髓质内有黄色条纹，并向皮质延伸，条纹融合处常有脓肿形成。

### （三）间质性肾炎

间质性肾炎是指肾间质并波及肾实质内呈现以单核细胞浸润和结缔组织增生为特征的原生性非化脓性炎症，通常是全身性感染和全身性疾病的一部分毒由于肾小管和肾间质关系密切，肾间质病变必然波及肾小管，而且很多变态反应引起的间质性肾炎始发损伤部位在肾小管，所以现已更名为肾小管间质性肾炎。常见于牛、猪、马、羊、犬，禽类也可发生。

**病因与发病机制**　肾小管间质性肾炎常与感染、各种内外源性毒物（植物毒素、生虫毒素及代谢性毒物等）中毒、过敏反应及免疫损伤性因素有关：根据病因不同，肾小管间质性肾炎可分为感染性肾小管间质性肾炎、过敏性肾小管间质性肾炎和代谢障碍性肾小管间质性肾炎。

（1）感染性肾小管间质性肾炎　常由于某些传染性疾病而引起。如布鲁氏菌病、大肠杆菌病、弓形虫病及钩端螺旋体病等。而以大肠杆菌病和其他杂菌上行性感染造成的肾盂肾炎较为常见。

（2）过敏性肾小管间质性肾炎　很多种药物如内酰胺类抗生素、非类固醇抗炎药物、利尿药等，病原体感染、免疫复合物沉积如抗基底膜抗体、狼疮性肾炎和干燥综合征等可通过过敏反应的途径导致肾小管间质性肾炎。

（3）代谢障碍性肾小管间质性肾炎　由于先天性或继发性代谢障碍，导致体内某些物质增多，并在肾脏内浓缩、沉积，进而导致肾小管和肾间质的病变。如痛风肾（尿酸肾病）、蔓氨酸肾病、草酸盐肾病和高钙性肾病等均可见肾小管上皮细胞变性、肾间质水肿、肾小管逐渐发生萎缩。在肾小管和肾间质内有上述相应的结晶物质沉积，导致化学性炎症反应。

**病理变化**　肾小管间质性肾炎的病理变化可随病程而不同。

（1）初期（急性期）　体积肿大，被膜紧张，容易剥离，表面平滑，表面和切面皮质部均散在针尖至米粒大的灰白色或灰黄色点状病灶。

（2）中期（亚急性期）　病灶扩大或互相融合，形成豆大或更大的灰白色斑块，称为白斑肾。病灶具油脂样光泽，有时可深达髓质部。此时多肾脏质地稍硬，被膜增厚，不易剥离。

（3）后期（慢性期）　病变部结缔组织显著增生，质地变硬，实质萎缩。随着结缔组织纤维的收缩，肾脏体积缩小，表面呈现凹凸不平的颗粒状也称为皱缩肾。

## 二、子宫内膜炎

子宫内膜炎是指子宫黏膜或内膜的炎症。它是雌性动物常发的疾病之一，也是子宫炎症中最常见的一种。

**病因与发病机制**　子宫内膜炎多因感染某些病原性细菌所引起，如链球菌、葡萄球菌、化脓性杆菌、大肠杆菌、坏死杆菌及恶性水肿杆菌等。另外，胎儿弯杆菌、坏死杆菌、恶性水肿杆菌、结核杆菌、布鲁氏菌等也可引起子宫内膜炎。

病原菌侵入子宫的途径可分上行性感染（阴道感染）和下行性感染（血源性或淋巴源性感染）两种，但以上行性感染较为常见。因为分娩时胎儿产出或胎盘剥离易导致子宫黏膜创伤，同时子宫内还可能滞留胎盘、胎膜碎片和血液块。特别是产道开张或胎衣停滞，更易引起细菌的感染和繁殖，从而引起子宫内膜炎。上行性感染虽较少见，但当机体某些部位有在败血性病灶（如输卵管或腹腔内的败血性病灶）时，则可经血源和淋巴源而蔓延到子宫引起子宫内膜炎。此外，母猪分娩产仔时，机体抵抗力降低，不仅容易引起外源性感染，且在正常时就存在于子宫或阴道内的细菌可进入机体迅速繁殖和增强毒性，导致自体感染引起子宫内膜炎。

**病理变化**　根据病程经过，子宫内膜炎可分为急性子宫内膜炎和慢性子宫内膜炎两种。急性子宫内膜炎常表现为急性卡他性炎症；慢性子宫内膜炎可以表现为慢性卡他性炎或慢性化脓性炎两种形式。

（1）急性子宫内膜炎　子宫浆膜通常无明显变化。外观子宫肿大松软，剖开子宫后多见子宫腔内有多量炎性渗出物，黏膜肿胀、充血、出血，表面被覆有污红色的浆液-黏液性渗出物，尤其是在子宫及其周围充血与出血更为严重。严重的病例，黏膜表面粗糙、混浊和坏死，并有坏死组织碎片覆盖，碎片可脱落而游离于子宫腔内。当发生纤维素性子宫内膜炎时，可见多量纤维素性渗出物在黏膜表面上形成一层糠麸样坏死组织碎片，严重时可见到糜烂或溃疡灶。炎症变化如发生于一侧子宫角，则病侧子宫角膨大，往往与另一侧不对称。

（2）慢性子宫内膜炎　多继发于急性子宫内膜炎或者发炎初期即呈慢性经过，它可以表现为慢性卡他性炎或慢性化脓性炎两种形式。

①慢性卡他性子宫内膜炎：病理形态表现呈多样性，这取决于病原体的性质和病程的长短。初期，黏膜出现显著充血、水肿、白细胞渗出等轻度的急性炎症变化。以后则出现浆细胞和淋巴细胞大量浸润、成纤维细胞增生等变化，浆细胞多密集于黏膜浅层、子宫腺管及其周围，造成子宫黏膜肥厚。由于黏膜内细胞浸润、腺体和腺管间的纤维结缔组织增生不均，变化显著的部位则向腔内呈息肉状隆起，形成所谓慢性息肉状子宫内膜炎。随着炎症的发展，黏膜表层增生，由于纤维性结缔组织大量增生使子宫腺受压以至堵塞，分泌物蓄积在部分腺腔内，构成大小不等的囊腔，内含无色或混浊的液体，此称为慢性囊性子宫内膜炎。

有的病例黏膜层结缔组织呈弥漫性增生，使黏膜匀称地肥厚。继而因结缔组织收缩和腺体萎缩，使子宫内膜变薄，称为慢性萎缩性子宫内膜炎。

②慢性化脓性子宫内膜炎（子宫积脓）：常见于猪，常发生于分娩和流产后有胎儿和胎膜滞留时感染了化脓菌所致。由于子宫腔内蓄积大量脓液，以致子宫腔扩张、子宫体积增大，触摸时有波动感。剖检可见子宫腔内有大量脓液流出，脓液的着色依感染的化脓菌的种类不同而不同，可呈黄白色、黄绿色，脓液有时混浊浓稠，有时则稀薄如水，有时则是干酪样。子宫黏膜面粗糙不平，多污秽无光，常呈糠麸样变化。组织病理学观察可见黏膜

内有大量中性粒细胞、淋巴细胞和浆细胞浸润。

## 三、卵巢囊肿

卵泡性囊肿一般由成熟的卵泡没有破裂而生成囊泡。囊泡呈单发或多发，可见于一侧或两侧卵巢，囊泡有核桃大至拳头大；卵泡壁薄而致密，内含透明液体，其中含有少量白蛋白。

见卵泡内已无卵细胞，卵泡膜萎缩，囊泡内壁为扁平细胞，有时囊壁细胞完全消失。卵泡虽发育但不破裂，结果不能形成黄体，此种母猪只表现发情而不能繁殖。在发生卵巢囊泡变性的一些病例，其子宫颈和子宫的黏膜腺增生而肥大。增生的腺组织分泌多量黏液，蓄留在腺腔内。在子宫黏膜所聚集的黏液内混有破碎的细胞而成脓样。触摸子宫肿大、柔软，易误诊为子宫内膜炎。此种病例的脑垂体也肿大，认为可产生大量的雌激素。

## 四、永久性黄体

黄体内积液，也可能残留一部分黄体，常伴发出血。囊泡有核桃大至拳头大。黄体囊泡和前述的卵泡囊泡一样，在猪都常伴发于子宫疾病，特别是子宫内膜炎。黄体囊泡可阻止卵巢发育，并可阻止排卵，从而使母猪表现不发情。

## 五、睾丸炎

睾丸炎是公猪多发的一种炎症。根据发生原因和病程经过可将其分为下述两种类型。

### （一）急性睾丸炎

由外伤或经血源感染引起，或由尿道经输精管感染发病。病原体有化脓菌、坏死杆菌、布鲁氏菌和日本乙型脑炎等。

**病变特征**　发炎睾丸肿胀、潮红，质度坚实，切面隆突。炎症波及荚膜时可引起睾丸荚膜炎。镜检可见在腺管或间质内有浆液渗出和白细胞浸润。重症病例可见睾丸脓肿和睾丸实质坏死。

### （二）慢性睾丸炎

继发于急性睾丸炎，睾丸间质结缔组织呈局限性或慢性增生，睾丸实质萎缩，不能形成精子。

## 六、乳腺炎

乳腺炎是指母畜乳腺或乳房发生的炎症，故称为乳房炎。各种动物均可发生。

**病因与机制**　大多数乳腺炎是由细菌感染所致。主要的病原菌是链球菌，其次是葡萄球菌、化脓性棒状杆菌、大肠杆菌、绿脓杆菌、坏死杆菌、巴氏杆菌等。此外，结核杆菌、放线菌、布鲁氏菌及口蹄疫病毒等也能引起乳腺炎。病原体可通过 3 个途径进入乳腺而引起乳腺炎：

（1）通过乳头孔、输乳管进入乳腺，这是主要的感染途径。

（2）通过损伤的乳房皮肤由淋巴道侵入乳腺。

（3）经血液循环运行至乳腺。

此外，机械性和物理性因素所致的乳头创伤及某些毒性物质也可引起乳腺炎。不按时挤奶、产后无仔畜吸乳或断奶后喂给大量多汁饲料以致乳汁分泌过于旺盛时，可使乳汁在乳腺内积滞，发生酸败等，均可使细菌在乳腺内生长繁殖引起乳腺炎。

**病理变化**　通常按病因和发病机制不同，可把乳腺炎分为急性弥漫性乳腺炎、慢性弥漫性乳腺炎、化脓性乳腺炎和特殊性乳腺炎等四种。以下仅介绍其中较重要的两种。

（1）急性弥漫性乳腺炎　这是母猪泌乳初期最常发生的一种乳腺炎，多由葡萄球菌、大肠杆菌的感染或由链球菌、葡萄球菌和大肠杆菌的混合感染所引起。由于此类乳腺炎的发生无固定的单一特异病菌，发病后易于波及乳房的大部分乳腺，所以也称为非特异性弥漫性乳腺炎。

该病眼见病变包括外观乳腺肿大、坚实，切开见多量炎性渗出物流出。由于炎性渗出物的性质不同，急性弥漫性乳腺炎的病理变化也不一致。

①浆液性乳腺炎：可见乳腺湿润有光泽，颜色稍苍白，乳腺小叶呈灰黄色。

②卡他性乳腺炎：乳腺切面稍干燥，呈淡黄色颗粒状，压之有混浊的液体流出。

③出血性乳腺炎：乳腺切面光滑，颜色暗红。

④纤维素性乳腺炎：乳腺硬实，切面干燥，呈白色或黄白色。

⑤化脓性乳腺炎：可见乳池和输乳管内有灰白色脓液，黏膜糜烂或溃疡。

此外，多数乳腺炎发生时，乳腺淋巴结常肿大，切面呈灰白色髓样肿胀。

（2）慢性弥漫性乳腺炎　由无乳链球菌和乳腺炎链球菌引起的一种链球菌性乳腺炎，呈慢性经过。病变特征是乳腺实质萎缩，间质结缔组织增生。

眼观病变通常侵害一个乳叶且常发生于后侧乳叶。初期病变以卡他性或化脓性炎症为特征。可见病变乳叶肿大，硬实，容易切开，切面呈白色或灰白色。乳池和输乳管大张，其内充满黄褐色或黄绿色的脓样液体，或混有血液和乳凝块的黏稠物，挤压流出多量混浊的液体。乳池和输乳管黏膜充血，呈现出颗粒状结构。随后，病变由初期的卡他性化脓性炎症逐渐发展为慢性增生性炎症，即表现为间质内结缔组织显著增生，乳腺组织逐渐减少，继而因结缔组织纤维化收缩，使病变部乳腺萎缩和硬化。乳腺淋巴结显著肿胀。

# 第二节　猪生殖泌尿系统常见疾病

## 一、猪乙型脑炎

猪流行性乙型脑炎俗称乙脑，是由日本乙型脑炎病毒引起的一种人和动物共患的传染病，母猪表现为流产和死胎，公猪发生睾丸肿胀或炎症，仔猪表现神经症状。

**流行病学**　本病是一种靠蚊子传播的人畜共患传染病，有较明显的季节性，多发于夏末秋初季节。

**临床症状**　最明显的临床症状是头胎母猪流产、早产、产死胎或木乃伊胎。临近产期早产的胎儿是活的，但因极度衰弱不久死亡。有的出生不久便出现全身痉挛抽搐、口吐白沫、倒地而死。母猪产前体温升高，持续数天，呈稽留热，精神沉郁、嗜眠喜卧，食欲减退，流产后体温、食欲很快恢复正常。个别猪有神经兴奋症状，也有的因后肢关节疼痛而出现跛行。公猪常发生睾丸炎，一侧或两侧睾丸肿胀，经过2～3天后炎症开始消退，睾丸萎缩变硬。

**病理变化**　脑和脑膜充血、脑室积液增多；母猪子宫内膜显著充血，死胎皮下呈弥漫性水肿，全身肌肉如熟肉样，胸腹腔积液，实质器官水肿、小点状出血；公猪睾丸肿大。

## 二、猪细小病毒病

猪细小病毒病是引起初产母猪死胎或流产，母猪本身并不一定有发病症状的一种猪繁殖障碍性传染病。

**流行病学**　不同年龄、性别、品种的猪都可感染，呈地方性流行，可散发，在易感猪群初次感染时，可呈急性暴发。传染源主要是感染本病毒的公猪或母猪，被感染母猪通过胎盘将病毒传给胎儿。发病母猪所产死胎、活胎及子宫分泌物中均含有高浓度病毒，所以圈舍污染也是一个重要传染途径。

**临床症状**　妊娠母猪早期感染，胎儿死亡会很快被母体吸收，此时母猪往往反复发情而又屡配不孕；中前期胎儿死亡后形成木乃伊胎，中后期感染常发生流产；母猪怀孕70天以后感染，多数能正常生产，但有25％～40％新生仔猪1周龄以内死亡。怀孕母猪表现为流产或产死胎外，无明显的临床症状。

**病理变化**　死产胎儿皮下组织水肿，各实质性器官充血、出血、水肿或坏死，胸腹腔大量积液。猪细小病毒与乙型脑炎引起猪繁殖障碍的症状和剖检可见病变非常相似，确诊需采集胎儿送实验室做病毒分离。

## 三、猪伪狂犬病

猪伪狂犬病是由疱疹病毒科的伪狂犬病病毒引起家畜和野生动物的一种急性传染病。成年猪呈隐性感染或有上呼吸道卡他性症状，妊娠母猪发生流产、死胎，哺乳仔猪出现脑脊髓炎和败血症症状，最后死亡。

**流行病学**　病原是伪狂犬病病毒，伪狂犬病是家畜和多种野生动物的急性传染病，除猪以外的其他动物发病，通常具有发热、奇痒及脑脊髓炎症状。有一定的季节性，寒冷天气多发，猪场主要是感染猪排毒造成传染。

**临床症状**　妊娠母猪发病主要表现流产、死胎、木乃伊胎，以产死胎为主。新生仔猪发病死亡率极高，往往是出生后第1天未见异常，第2天开始发病，第3天即大量死亡。哺乳仔猪发病有明显神经症状，如全身颤抖、运动失调、四肢僵直等。1月龄以后发病症状显著减轻，死亡率也大为下降，呈现发热、精神沉郁或伴有呕吐、咳嗽、腹泻等症状，肥育猪感染后多不发病，但增重缓慢、饲料报酬降低。

**病理变化**　病死猪皮下有浆液性、出血性渗出物，肺水肿瘀血、脑膜充血，脑脊髓液增多。扁桃体、肝、肾和淋巴结有黄色或灰白色的点状坏死（彩图4-1至彩图4-3）。

**诊断**　确诊可用病死猪或脊髓组织液接种兔子，如果2天后兔子的接种部位奇痒，兔子从舔接种点发展到用力撕咬，持续4～6小时死亡即可确诊本病。

## 四、猪瘟

猪瘟是由猪瘟病毒引起的一种急性、热性、败血性的高度接触性传染病。其临床特征是高热稽留，发病率和病死率均很高。病原是猪瘟病毒（HCV），属于黄病毒科瘟病毒属。病理特征为出血、梗死和坏死。

**流行病学**　传染源及感染途径：病猪和带毒猪是主要的传染源，强毒感染猪在发病前即可从口、鼻、眼分泌物中排毒，并延续到整个病程。低毒株的生后感染排毒期短，妊娠母猪则可侵袭子宫的胎儿，造成死胎、弱仔，而母猪本身无明显症状，先天感染的胎儿有的正常分娩，且仔猪保持健康几个月，则可成为散发病毒的传染源。另外，病猪肉未经煮熟有含毒残羹而传播。人和其他动物也可机械地传播病毒。本病主要的感染途径是口鼻腔间或可通过结膜、生殖道黏膜感染。

**流行特征**　本病不受季节、品种、年龄和性别的影响，一年四季均可发生，发病率和死亡率均很高，一般抗菌药物治疗无效。

**临床症状**

（1）急性型　体温升高至40.5～42℃，高热稽留，食欲减退或不食，喜饮冷水。白细胞数减少。常发生结膜炎，眼角有黏性分泌物，大多数病猪先便秘后腹泻，有时出现呕吐。常挤卧在一起。站立或行走时背腰拱起，四肢弱软无力，全身颤抖，步态不稳。部分病猪常出现神经症状（昏睡、惊厥、磨牙、运动失调或后肢麻痹）。发病2～3天后，常在耳、胸腹下、四肢、会阴等处见到皮肤充血，到病的后期呈紫红色或出现出血斑点。随着病情的发展，病猪逐渐消瘦和衰竭，10天左右就可出现死亡。肺有继发感染时常出现咳嗽、鼻漏和呼吸困难。

（2）亚急性或慢性猪瘟　除上述症状常出现外，一般病程较长，体温时高、时低或正常，常出现腹泻，食欲减退，被毛粗乱，消瘦。口腔黏膜发炎，扁桃体肿胀有溃疡，齿龈、舌边和唇等处也常见有出血或溃疡。病程较长的皮肤常呈块状坏死，病猪可存活3～4周或1个月以上。最后衰竭死亡。

（3）迟发性猪瘟　是指先天性感染的猪，即感染猪在出生后数月表现正常，随后常出现精神沉郁、食欲减退，结膜炎、下痢、皮炎和运动失调等症状，但体温正常，大多数能存活半年左右，但最终不免死亡。

（4）繁殖障碍性猪瘟　妊娠母猪感染低毒力的猪瘟病毒后，常不出现症状，但可导致流产、胎儿木乃伊、畸形、死胎和产出的颤抖症状的弱仔或外表健康的感染仔猪。

**病理变化**

（1）急性猪瘟　常见耳根、胸腹下、四肢、会阴等处皮肤充血，小点出血或形成紫红色出血斑甚至坏死。全身淋巴结有不同程度的肿大，外观呈红色或红黑色，断面呈大理石样或周边出血，有的呈血瘤样。尤其是肺门、胃门、肝门和肠系膜淋巴结。肾脏正常或褪色（呈土黄色），在包膜下常见有针尖大的出血点，少者几个，多者密布整个肾脏表面，肾盂和肾乳头常见有出血。脾脏多正常或略肿大，表面常见有丘状出血点，脾的边缘常有黑色稍突起出血性梗死（这在诊断猪瘟上有一定的意义）。全身浆膜、黏膜、喉头、心内外膜、胃、胆囊黏膜、膀胱、直肠、脑膜均常见有不同程度的出血斑点。

（2）亚急性型猪瘟　常见各部位有不同程度的出血变化外，常见扁桃体肿大出血、坏死或溃疡，胸膜出血较重，胸腔内见有纤维素性渗出液，肺气肿，表面呈大理石样变化，肺间质水肿、出血。

（3）慢性型猪瘟　具有特征性变化的是：在回肠口附近、盲肠、结肠和胃底部常见有扣状肿。肋软骨联合处常出现明显的钙化线。而其他出血和梗死变化不明显。

（4）非典型猪瘟　仅在淋巴结、肾、膀胱、胃底等处常有出血，而其他器官很少能见到出血。

（5）迟发性猪瘟　突出变化是胸腺萎缩和外周淋巴器官严重缺乏淋巴细胞和生发滤泡（彩图 4-4 至彩图 4-7）。

## 五、猪弓形虫病

猪弓形虫病（toxoplasmosisinswine），病原为动物细胞内寄生的龚地弓形虫，猪呈急性、慢性或不显性感染。

**生活史及特征**　猪弓形虫病属人畜共患的原虫病，以高热、呼吸及神经症状、繁殖障碍为特征。弓形虫的终宿主是猫科动物。病畜和带虫动物的脏器和分泌物，尤其是随粪便排出的卵囊为主要污染源。消化道、呼吸道黏膜受损的皮肤都是该病的传染途径，通过胎盘传染的现象也普遍存在。

**临床症状**　急性感染呈现出和猪瘟极相似的症状，体温升高达 40～42℃，稽留 7～10 天，精神沉郁、喜饮水，伴有便秘或下痢，鼻镜干燥、被毛逆立。随着病程发展，耳、鼻、后肢股内侧和下腹部出现紫红色斑或间有出血点，严重的呼吸窒息死亡。急性发作耐过病猪一般 2 周后恢复，但往往遗留有咳嗽、呼吸困难、后躯麻痹、斜颈等神经症状。怀孕母猪急性感染除高热、厌食、精神委顿症状外，数天后流产，产出死胎或弱仔，母猪分娩后常迅速自愈。

**病理变化**　肺水肿是本病的特征性病变，气管内有大量泡沫和黏液，胸、腹腔有大量积液，脾脏极度肿大，肾脏浑浊肿胀、出血，全身淋巴结，特别是肠系膜淋巴结苍白、水肿、成绳索样（彩图 4-8 至彩图 4-11）。

**诊断**　确诊应采集胸腹腔积液或病变淋巴结抹片染色镜检。

## 六、布鲁氏菌病

猪布鲁氏菌病是以生殖器官和胎膜发炎，引起流产、不孕的一种慢性传染病。

**流行病学**　以性成熟猪最易感。流产胎儿、胎衣、羊水是传染源，交配也是布鲁氏菌病的重要传染途径。

**临床症状**　母猪多在怀孕的第 3 个月发生流产，流产前母猪精神不振、乳房、阴唇肿胀、子宫炎、跛行。公猪常发生睾丸炎，两侧或单侧睾丸明显肿大、疼痛，关节炎多发生于后肢，患处肿大、疼痛、运动不灵活。

**病理变化**　流产后子宫黏膜有许多小米粒大小的灰黄色结节，胎盘布满出血点，表面有黄色渗出物覆盖，乳房淋巴结、睾丸淋巴结多呈多汁、肿胀及出现灰黄色小结节。

## 七、猪繁殖与呼吸障碍综合征

病原体是动脉炎病毒属的病毒。猪繁殖与呼吸系统综合征（PRRS）又称猪繁殖—呼吸综合征，是由猪繁殖和呼吸系统综合征病毒引起的以患猪体温升高，繁殖障碍与呼吸道症状为主要特征的病症，部分病猪耳部发绀，故又称蓝耳病。

**流行病学**　本病一年四季均可发生，发病猪不分年龄、性别，多发生于哺乳仔猪及断奶后的仔猪、母猪和胎儿也易感，一般出生后 1 周的病死率为 25%～40%。该病传染性强，传播速度快，可经空气通过呼吸道感染，也可通过胎盘感染，人工授精传播。饲养密度大，卫生条件差、管理不善、气候变化均可促使发病和流行。该病病程短者约 2 个月，长者可达 6 个月。该病初次流行时，来势凶猛，传播迅速，虽各地患猪症状不一，但均出现仔猪大量死亡。

**临床症状**　主要表现为病猪体温短时升高，呼吸困难，步态不稳，食欲下降，精神沉郁，前肢屈曲，后肢麻痹，四肢外张，呈蛙式、卧地式卧睡而死，部分猪呕吐。两耳发绀，呈蓝紫色，少数病猪出现耳尖、四肢、腹部等末端发绀。患病的母猪病初出现发热、厌食、咳嗽、呼吸急促，后期妊娠母猪表现早产、流产、产弱仔、死胎及木乃伊胎等生殖繁育障碍。仔猪体温升高，反应迟钝，呼吸困难，有时呈犬坐势呼吸。公猪常显示明显症状，但精子活力下降，死精数增多。

**病理变化**　淋巴结出血、水肿，心内膜充血，肾包膜易剥离、表面有出血点，肺脏呈混合性感染，呈暗红色或褐色，气肿、瘀血，胸腔、腹腔有积水，大小肠胀气。母猪子宫内蓄脓、有肿物等。皮肤色淡似蜡黄，鼻孔有泡沫；气管、支气管充满泡沫，胸腹腔积水较多；肺部大理石样变，肝肿大，充血、出血；胃有出血水肿。仔猪、育成猪常见眼睑水肿。仔猪皮下水肿，体表淋巴结肿大，有暗红色积液，心包积液。肺尖叶有大面积界线清晰的肉变区，肺瘀血、肺间隔增大。死胎及弱仔，可见颌下、颈下、腋下皮肤水肿至胶冻状（彩图4-12至彩图4-14）。

## 八、猪附红细胞体病

猪附红细胞体病（黄疸性贫血病、红皮病等）是猪的一种烈性传染病。附红细胞体可感染包括人在内的多种动物。本病以发热、贫血和怀孕母猪流产为特征。病原是一种寄生在猪红细胞上的立克次体，其可造成红细胞的改变而容易为体内的网状内皮系统或是被吞噬细胞所破坏，因而造成红细胞数量的减少，导致贫血、发育减慢。

**流行病学**　不同年龄、品种的猪都有易感性，但仔猪更易感，发病率和病死率均较成年猪高。饲养管理不良、气候恶劣、并发其他疾病等应激因素，可使隐性感染猪发病，或扩大传播，或使病情加重。

**临床症状**　仔猪感染后症状明显，仔猪最早出现的症状是发热，体温可达40℃以上，高热稽留，精神沉郁，发抖、聚堆，采食量明显下降。部分猪关节肿胀、跛行。胸、耳后、腹部的皮肤发红，腹下部皮下出血尤其严重，耳尖部出现紫红色斑块，俗称红皮病。严重者呼吸困难、咳嗽、呈腹式呼吸，鼻腔内流出清液性或脓性分泌物。随着病情的发展，主要表现皮肤和黏膜苍白，黄疸，发热，精神沉郁，食欲下降，病后一至数日死亡。自然恢复者常影响生长发育，形成"僵猪"。

成年母猪感染后。根据其临床表现可分为急性和慢性两种。急性病例主要呈现持续高热（40～42℃），厌食，偶有乳房和阴唇水肿，产仔后奶量减少。缺乏母性，产后第3天起逐渐自愈。慢性病猪呈现体躯衰弱。黏膜苍白及黄疸，不发情或屡配不孕，如有其他疾病或营养不良，可使症状加重，甚至死亡。

**病理变化**　主要变化为贫血及黄疸，皮肤及黏膜苍白，血液稀薄，全身性黄疸。肝脏肿大，呈黄棕色，胆囊内充满浓稠的胆汁。脾肿大、变软，肾脏肿大数倍，有出血性梗死块。心脏扩张，柔软，有时可见胸腹腔及心包囊内积有多量液体。严重感染者，肺脏发生间质性水肿，气管内充满泡沫；肺脏充血出血，有的呈肉变样或肿大，肺泡内有大量泡沫状物。部分猪肠道内出血，肠系膜淋巴结肿大出血（彩图4-15，彩图4-16）。

**诊断**　根据上述症状及病理变化，结合流行情况，可以做出初步诊断。为了确诊，应采取高热期病猪的血液，制成涂片，姬姆萨氏染色检查红细胞内寄生的病原体。但无症状的隐性感染猪，一般检不到病原体，只能进行间接血凝试验。如在红细胞内见到1个或数个圆盘状、球状、环状呈淡紫红色的猪附红细胞体时，即可确诊。

## 九、猪盖他病毒感染

猪盖他病毒感染是引起母猪繁殖障碍的一种传染病，怀孕母猪感染盖他病毒后，病毒可通过胎盘感染胎儿，造成胚胎死亡和仔猪发病。

**流行病学**　盖他病毒发现于许多国家和地区。猪只对盖他病毒极为易感，是造成猪繁殖障碍的原因之一。盖他病毒是披盖病毒科甲病毒属的成员。蚊（包括多种库蚊、伊蚊和按蚊）是盖他病毒的天然宿生，病毒能在蚊体内增殖，但对蚊无致病性。

**临床症状**　成年猪感染盖他病毒后不表现症状，但妊娠初期的母猪感染后病毒可以感染胎儿，导致胚胎死亡并被吸收，从而使产仔数减少。盖他病毒肌内接种5日龄新生猪，20小时后显示厌食，精神沉郁，颤抖。皮肤潮红，舌抖动，后腿行不稳，2～3天后垂死或死亡。个别乳猪能耐过而康复。

**病理变化**　病死乳猪经剖检无肉眼和显微可见损害。

**诊断**　为了确诊，应采取实验室检查：实验动物接种、病毒分离、血清学检查（血凝抑制试验、酶联免疫吸附试验）。

与繁殖障碍关系密切的传染病的治疗原则：病毒性的疾病，应以疫苗防疫为主，患病猪以增强机体抵抗力、抗病毒、防止继发感染、缓解症状为主；细菌、寄生虫感染的疾病，以抗菌、抗寄生虫为主，同时要缓解症状。

## 十、维生素A缺乏症

维生素A缺乏症是由于维生素A原类胡萝卜素长期摄取不足或消化吸收障碍所引起。临床上以夜盲、眼干燥、角膜软化、一定的神经症状、生长缓慢和生产力降低为其特征。以仔猪和育肥猪发病居多。

**病因**

（1）原发性维生素A缺乏　饲料中维生素A原（胡萝卜素）或维生素A含量不足；饲料加工、调制、贮存不当，使胡萝卜素遭到破坏和损失；饲料中存在干扰维生素A代谢的因素，如饲料中中性脂肪和蛋白质含量不足，则脂溶性维生素A、维生素D、维生素E和胡萝卜素吸收不完全，参与维生素A运转的血浆蛋白合成减少；机体对维生素A的需要增加，见于泌乳、妊娠、生长高峰期及恶性病和传染病的经过中。

（2）继发性维生素A缺乏　主要见于慢性消化不良、肝脏和胆道疾病。正常情况下，胆汁中的胆酸盐能在肠道内乳化脂类，形成微粒，有利于脂溶性维生素A原的溶解和吸收。胆酸盐还可增强胡萝卜素加氧酶的活性，促进胡萝卜素转化为维生素A。患慢性消化不良、肝脏和胆道疾病时，胆汁生成减少和排泄障碍，势必影响维生素A的吸收。另外，肝功能紊乱不利于胡萝卜素的转化，维生素A的储备亦减少。

**发病机制** 维生素A具有维持暗视觉，维持上皮组织结构的完整，维持生长发育及提高免疫机能等多方面功能。暗视觉与视网膜杆状细胞内存在的视紫红质有关。视紫红质由维生素A衍生的视黄醛和视蛋白结合而成。视紫红质生成减少，在暗处就不易辨别物体，而患功能性夜盲症。

维生素A参与黏多糖的合成，从而促进黏蛋白合成。后者对保护上皮细胞结构完整性具有重要作用。维生素A缺乏，黏多糖合成受阻，则引起上皮干燥和过度角化。上皮组织不健全，黏膜屏障功能减退，易继发感染其他疾病。在幼畜易引起下痢和肺炎，在成畜易引起尿道结石；输卵管、子宫黏膜上皮的病变，常导致不孕、流产、胎儿畸形、死产和产后胎盘滞留。

维生素A对骨的正常生长、发育和改造都是必需的，通过对成骨细胞和破骨细胞的特异性调节而起作用。维生素A缺乏的特异性症状是惊厥、共济失调等脑症状。这是由于骨成形失调导致的。

**临床表现** 主要发生于仔猪和育成猪，成年猪少见。眼的病变不如其他家畜明显，仅见眼睑水肿，特征性的神经症状则比其他家畜出现得早而且明显。仔猪和育成猪多突然发病。先出现肌肉震颤，共济失调，步伐不稳如醉酒状或做圆圈动作，不久倒地发生尖叫声，目凝视瞬膜外翻继之出现抽搐，后角弓反张，四肢做游泳状动作，口吐白沫，呼吸困难，心跳每分钟140～150次，发作5～10分钟后缓解，间隔15～30分钟再发作，一般经过2～5小时后自动站立，勉强行走，并保有食欲。少数病猪发作后出现后躯麻痹，不能站立。在成年猪，麻痹惊厥发作更为多见，后躯麻痹不能站立，针刺无感觉。被毛干燥猪鬃顶端分叉，显脂溢性皮炎。母猪发情不正常，产死胎，多流产，畸形胎儿，皮下囊肿，肾脏移位，心脏缺损，膈疝，生殖器官发育不全，脑内水肿，脊髓突出和全身水肿等。仔猪生后衰弱，存活率低。在育成公猪，则睾丸明显退化缩小，精液品质差。

**病理变化**　尸体剖检主要变化是眼、消化道、呼吸道、泌尿生殖器官等上皮组织角化、脱落。唾液腺排泄管口上皮角化，是猪维生素 A 缺乏症出现最早的固有病变，但这种病变在增加维生素 A 摄入 2～4 周后消失。呼吸道黏膜角化最为明显，脱落的上皮往往堵塞小支气管，而引起肺膨胀不全和支气管扩张，或发生感染而继发支气管肺炎。肠系膜淋巴结切面多呈点状出血。心外膜的冠状血管部亦有出血点，有时扩散到主动脉部。肝肿大，胆汁变稠。大脑穹窿和椎骨变小，视神经管狭小，脑神经和脊髓神经根因压迫而变性。

**诊断**　本病的论证诊断依据是，长期不饲喂青绿饲料的生活史，夜盲、干眼病、角膜软化、惊厥、共济失调和麻痹，新生畜瞎眼等临床表现，以及维生素 A 制剂的良好治疗效果。有条件时可测定血浆和肝脏中维生素 A 和胡萝卜素的含量。血浆中维生素 A 在 0.18 微摩/升（0.005 微克/毫升）以下，或每克肝维生素 A 和胡萝卜素含量分别在 2 微克和 0.5 微克以下，都是确诊的重要证据。

## 十一、维生素 E 缺乏症

维生素 E 缺乏症是由于饲料中维生素 E 不足所致的一种营养代谢障碍综合征。尽管维生素 E 缺乏与硒缺乏在病因、发病机制、疾病类型、防治效果等方面有许多共同之处，但由于维生素 E 在动物营养上具有硒所不能替代的生物学功能，故维生素 E 缺乏作为一种独立的疾病综合征仍有别于硒缺乏症。

**病因**

（1）饲料中维生素 E 含量不足　饲料中维生素 E 的含量变动很大，一般来说，谷物饲料、青草、优质干草含有充足的维生素 E，动物采食这类饲料一般不可能发生维生素 E 缺乏。造成饲料中维生素 E 含量不足的常见原因有以下几种。

（2）饲料品质不良　劣质干草、秸秆、块根作物含维生素 E 极少。霉菌毒素可加速维生素 E 氧化，饲料霉败则维生素 E 受损。动物长期单一采食这类饲料可发生维生素 E 缺乏。

（3）饲料加工不当　经丙酸或氢氧化钠处理的谷物，维生素 E 含量明显减少，而脂类过氧化物显著增加。饲料干燥或研磨时，其中的氧化酶可破坏维生素 E。饲料中混入或加入矿物质或脂肪等亦可增进维生素 E 的氧化。

（4）饲料贮存失宜　潮湿谷物贮存 1 个月，维生素 E 含量减少 50%；贮存 6 个月，维生素 E 含量则极微。饲料中含有过多不饱和脂肪酸酸败时产生的过氧化物，可使维生素 E 氧化，而致饲料维生素 E 含量下降。

**发病机制**　维生素 E 是 $\alpha$、$\beta$、$\gamma$、$\delta$ 生育酚和生育三烯酚 8 种化合物的总称，其中 $\alpha$-生育酚的生物学活性最强。维生素 E 对机体的作用主要是抗不育。

**诊断**　维生素 E 缺乏症的诊断，依据于临床表现、病理改变、防治试验和临床病理学检查。维生素 E 缺乏症的检验项目包括：①维生素 E 的测定，血清和肝脏中维生素 E 的含量，可作为评价动物体内维生素 E 状态的可靠指标。②羟尿酸溶血试验，维生素 E 可以保护禽红细胞不受羟尿酸溶血作用的影响而保持稳定，其稳定性改变的大小与血清中维生素 E 含量相关。

## 十二、硒缺乏症

硒缺乏症是因饲料中硒含量不足所致的营养代谢障碍综合

征。我国病区从东北到西南呈斜行的狭长地带，跨越 14 个省份。本病一年四季均有发生，但常发生于冬、春两季（2—5 月）。各种年龄的动物都可发病，以幼龄动物多发。

**病因**　在土壤—植物—动物生态循环链上，任何一个环节的缺硒，均可导致硒缺乏症的发生。

土壤中硒含量不足是硒缺乏症的根本原因，饲料中硒含量不足是硒缺乏症的直接原因，维生素 E 缺乏是硒缺乏症的合并因素，应激是硒缺乏症的诱发因素，硒颉颃元素是硒缺乏症的继发因素。喂饲硒颉颃元素，如铜、银、锌、砷、镉及硫酸盐等，可使硒的吸收和利用率降低，因此即使硒摄入量足够，也可发生硒缺乏症。

**发病机制**　硒作为必需微量元素，在生物学和生化学上具有重要功能。硒缺乏则引起心、肝、肾、胰、肌肉、脂肪等多种组织器官的代谢紊乱和器质性改变。硒为维持细胞膜正常结构和功能所必需。硒的这种保护作用是通过谷胱甘肽过氧化物酶（GSH - px）分解过氧化物来实现的。

**临床表现**　硒缺乏时组织损伤的程度和代谢障碍的环节不同，其生化紊乱、病理变化和临床表现亦多种多样，且常因动物的种类、年龄、性别而异。不同种属动物硒缺乏症的临床表现形式不同。

**诊断**　硒缺乏症的诊断主要依据各种疾病的临床表现、病理改变、流行病学调查、防治试验和临床检验。通常进行酶学检验，硒检测（检测包括土壤、饲料、血液）。

## 十三、非洲猪瘟

非洲猪瘟（ASF）是由非洲猪瘟病毒科、非洲猪瘟病毒属的一种双股 DNA 病毒引起的一种急性、热性、高度接触性动物传染病，OIE 规定的法定报告 A 类动物传染病，临床上以高热、网状内皮系统出血和高死亡率为特征，易感猪群的病死率高达 100%。病毒主要宿主为家猪、野猪和软蜱。非洲猪瘟的发病率和病死率均可达到100%，且目前世界范围内尚无有效疫苗，其扩散和流行对养猪产业可能造成毁灭性打击，由此产生的间接损失则无法估量。

**传播形式**　传染源为感染猪及其污染物、肉制品和媒介感染的软蜱。

传播途径为接触传播和媒介叮咬传播，传播媒介蜱间可垂直传播。

传播方式为野猪—野猪、家猪—家猪、野猪—家猪、家猪—野猪、野猪—软蜱、家猪—软蜱，以及软蜱—软蜱方式。

**流行病学**　1921年非洲猪瘟在肯尼亚被首次报道，ASF在发现之初并没有被认为是一种新的病毒，而被认为是猪瘟病毒的变异。在随后的研究中科学家发现，这种疾病在肯尼亚东部和南部地区的野生动物，特别是疣猪中已经存在相当长一段时间。在其后30多年间，ASF在中西部地区被陆续发现，但仅限于撒哈拉以南的非洲国家。1957年，非洲猪瘟病毒以安哥拉为跳板，首次在欧洲国家葡萄牙被发现，迅速被扑灭后，ASFV沉默了两年，1960年同样的基因型再次出现在里斯本，并且很快从欧洲的西南角-伊比利亚半岛蔓延到欧洲的其他地区，如法国（1964年），意大利（1967年、1969年、1983年），马耳他（1978年），比利时（1985年）和荷兰（1986年），在此期间，美洲部分国家也陆续发现ASFV，如古巴（1971年、1980年），巴西（1978年），多米尼加（1978年）和海地（1979年）。2007年，非洲猪瘟（ASF）抵达格鲁吉亚的黑海港口，科学家分析，最可能的原因是黑海波蒂港一艘船对受ASF感染的猪肉处理不当。随后，ASF蔓延到亚美尼亚、阿塞拜疆、伊朗等地，直至传播到整个高加索地区和俄罗斯联邦（RF），并逐渐成为地方疫病。2012年7月及2013年6月非洲猪瘟在乌克兰和白俄罗斯被发现，2014年1月，立陶宛报告了第一例野猪感染ASFV的病例，揭示了非洲猪瘟已经抵达欧盟东部边界，同年2月，ASF在波兰被发现，紧接着是拉脱维亚和爱沙尼亚。在波兰和波罗的海三国范围内，ASF 已经慢慢成为野猪种群中普遍存在的地方病，而家猪中的 ASF 则得到了有效的控制。2017—2018 年间，欧洲的比利时、保加利亚、捷克、匈牙利、摩尔多瓦和罗马尼亚都陆续有野猪病例或家养猪病例的发现，这是比利时时隔 33 年后再次发现 ASF 病例。2018 年 8 月 3 日，农业农村部根据中国动物卫生与流行病学中心（国家外来动物疫病研究中心）确认，正式发布了发生在沈阳市沈北新区的非洲猪瘟疫情通报。至此，非洲猪瘟首次传入中国。

从 ASF 的疫情流行历史来看，该病一旦传入，将给我国的养殖业及相关产品的贸易带来巨大危害，有些地区的养猪户将遭受毁灭性打击。疫情可造成的损失包括动物死亡、猪肉供应短缺、肉价上涨、失业人员增加、出口贸易受影响等。此外，政府采取扑杀措施，还将耗费大量的人力、物力和财力。

**临床症状** 可表现为特急性、急性、亚急性和慢性四种形式。特急性没有临床症状突然死亡；急性型以高热、食欲废绝、皮肤发绀、网状内皮系统出血为特征，发病后 2～10 天内死亡，病死率可高达 100%，与猪瘟临床症状相似；亚急性型（中等毒力毒株）急性发病、死亡率低；慢性型（低毒力毒株）消瘦，偶见体温升高，耳部、腹部、大腿内侧局部多处皮肤红斑、溃疡或坏死、易继发感染，如继发引起肺炎和关节炎死亡率低。

**诊断** 非洲猪瘟的剖检特征与猪皮炎肾病综合征等疾病的症状极其相似，故仅根据临床症状和剖检特征并不能确诊。现阶段常用的实验室检测方法有 PCR、ELISA、病毒分离鉴定等，如等温扩增方法。

判断是否为非洲猪瘟的方法是用特制棉签制成的干燥或半干燥的血液拭子是一种非常简单地检测尸体内是否含有非洲猪瘟病毒的方法，该方法所用设备携带简单，容易处理，可保证样品多样性，且样品保存稳定，同一样品可以做多个试验，同时价格还比较便宜，属于比较实用的检测非洲猪瘟病毒的方法。

较为常用且准确的方法同时也有其他的方法，可检测出 300 copies 以上的质粒 DNA，Wang J. C 等研究表明，重组酶聚合酶扩增技术敏感度高于等温扩增法，且较常规的 PCR 检测方法更为简单、高效、成本低。

**防控**　目前，非洲猪瘟暂时没有有效的药物可以用于治疗，在研制出有效药物前仅能依靠防控手段控制该病的蔓延，尽管已经尝试过很多方法研制针对非洲猪瘟的疫苗，如 DNA 疫苗、载体疫苗、弱毒活疫苗等，但全球还没有商品化的针对非洲猪瘟的疫苗，预防、控制非洲猪瘟仍依赖于严格的卫生及生物安全管理。

非洲猪瘟疫苗的研制始于 20 世纪 60 年代中期，起初研究人员通过细胞的传代来弱化非洲猪瘟病毒，利用戊二醛固定已感染非洲猪瘟病毒的肺泡巨噬细胞，又将该细胞接种于健康猪体内，均发现可以诱导健康猪产生低效价的抗体，但这样的抗体不足以起到预防的作用，于是专家们在提高抗体效价方面进行了研究。研究人员还在探索非洲猪瘟疫苗研制的新方向。

我国防控非洲猪瘟严格遵循农业农村部印发的《非洲猪瘟疫情防控八条禁令》，内容包括①严禁瞒报、谎报、迟报、漏报、阻碍他人报告动物疫情；②严禁接到动物疫情举报不受理、不核查；③严禁动物疫情排查不到场、不到位；④严禁不履行动物疫病检测职责、出具虚假检测报告；⑤严禁不检疫就出证、违规出证；⑥严禁违规使用、倒卖动物卫生证章标志；⑦严禁违规处置染疫或者疑似染疫的动物、动物产品及相关物品；⑧严禁发现违法违规行为不查处。

# 第三节　猪繁殖障碍的鉴别诊断

繁殖障碍是指发情不规则或不发情，隐性发情，久配不孕、

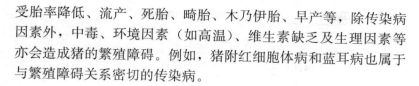

受胎率降低、流产、死胎、畸胎、木乃伊胎、早产等，除传染病因素外，中毒、环境因素（如高温）、维生素缺乏及生理因素等亦会造成猪的繁殖障碍。例如，猪附红细胞体病和蓝耳病也属于与繁殖障碍关系密切的传染病。

## 一、乏情的分类

母猪在预定发情的时间内不发情，常常是母猪不育的重要原因，对于乏情母猪应判定是初情期前乏情，还是产后乏情或配种后乏情。

### （一）初情期前乏情

母猪达到 8 月龄就进入初情期，如此后仍不发情，则为初情期前乏情。主要应注意有否生殖器官发育不全、两性畸形、染色体异常等先天性疾病，还要检查是否有饲养上的失误和是否患过影响卵巢发育的疾病。

### （二）产后乏情

母猪产后的乏情期一般为 25 天，产后发情推迟首先应考虑哺乳的影响和营养状况，能量负平衡常会使乏情期延长。其次应注意是否存在母猪产后常见的安静发情（缺乏发情征兆的发情）。再次应注意是否存在持久黄体。最后，应注意是否有胎衣滞留、难产、子宫炎症和其他全身性疾病。

### （三）配种后乏情

母猪在配种后如未受孕，一般会在 18～23 天返情。如未见发情，妊娠检查，确定是否怀孕，配种后乏情应注意是否存在胚胎死亡或延期流产，是否存在卵巢囊肿和子宫疾病，是否存在营养缺乏症和全身性疾病。

### （四）母猪乏情鉴别

母猪乏情的鉴别主要从品种、年龄、饲养管理、疾病几个方面考虑（表 4－1）。

表 4-1   母猪乏情的鉴别

| 乏情因素 | 后备母猪乏情情况 | 经产母猪乏情情况 |
|---|---|---|
| 年龄 | 初情常出现于 5～8 月龄的后备母猪。露天圈养的母猪比舍内母猪先进入初情期 | |
| 品种 | 初情期的年龄在品种上有很大的差异。杂种猪的发情期比纯种猪早。常见品种的猪在 8.5 月龄时后备母猪发情的比例：大白猪 86%、长白猪 78%、杜洛克 71%、汉普夏 71%、约克夏 56% | 早断奶（10 日龄），在 10 日龄或少于 10 日龄断奶后不同品系母猪的再发情的比例有很大差异 |
| 解剖学异常 | 雌雄同体，假雌雄同体，雌雄间性 | |
| 与公猪接触 | 饲养中能与公猪接触的后备母猪达到初情期比隔开饲养的早 20～40 天 | 断奶的母猪进入曾接触过公猪的地方会较早出现强烈的发情表现 |
| 光照 | 每天接受不少于 14 小时光照的后备母猪的初情期比处于暗环境的后备母猪要早 | 产仔区每天不少于 14 小时的光照与断奶 5 天以内的母猪较高的再发情率有关 |
| 季节 | 在 8 月龄时，秋季出生的后备母猪比春季出生的后备母猪达到初情期的多 | 在北半球的 7—9 月，断奶后 7 天以内再发情的母猪的数目会减少，尤其是初产母猪 |
| 泌乳期的长度 | | 在泌乳期 18 天内断奶的母猪在 7 天内再发情的比例较少 |
| 营养 | 营养不良的动物发情的可能性小 | 进入产仔期前体瘦的或因大量泌乳而减重超过 20 千克的母猪在断奶后 7 天内表现发情的可能性减少 |
| 管理 | 多数种猪"不发情"或"发情不明显"是因为负责繁殖群的人员对猪的检查不仔细，应该将公、母猪放在一个圈内仔细观察是否发情。虽然管理人员可借助公猪来判断母猪是否发情，但是不能依靠公猪来确定母猪是否发情。此外，检查是否发情时还应该避免在有无饲喂等诱因的情况下进行 | |
| 假孕 | 可能与早期妊娠中断有关。黄体维持妊娠的状态，甚至是在子宫中已无胎儿时。玉米赤霉烯酮可引起假孕 | |
| 卵巢囊肿 | 猪可同时有卵泡囊肿和黄体囊肿，囊肿性卵泡结构在母猪比在后备母猪更多见 | |

## 二、母猪产死胎或流产的鉴别

### （一）母猪产死胎或流产的病因归类

引起母猪流产或产死胎症状的主要疾病有病毒病、细菌病、寄生虫病、营养代谢病和饲养管理不当，这五大类原因疾病的归类如下（图 4-1）。

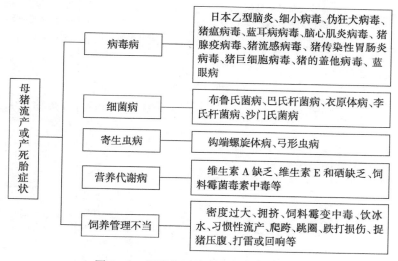

图 4-1　母猪产死胎或流产的病因归类

### （二）引起母猪流产、死胎和木乃伊胎的疾病鉴别

引起母猪流产、死胎和木乃伊胎的疾病鉴别从临床症状、流产胎儿日龄和胎儿胎盘病变，附加实验室分析鉴定做如下比较（表 4-2）。

## 三、造成母猪返情的因素

造成母猪返情的因素分为有规律返情和无规律返情两类，对这两类因素的可能疾病原因和进一步检查做如下比较（表 4-3）。

### 表4-2 引起母猪流产、死胎和木乃伊胎的疾病鉴别

| 病因 | 病母猪临床症状 | 胎儿日龄 | 胎儿和胎盘病变 | 实验室诊断 |
|---|---|---|---|---|
| 钩端螺旋体病 | 有症状的动物不多，轻度厌食，发热，腹泻，流产 | 流产胎儿几乎一个日龄，常在妊娠中晚期 | 死胎或弱猪，偶见流产，弥漫性胎盘炎 | 检查胎儿中的菌体，动物接种试验 |
| 布鲁氏菌病 | 少见症状，妊娠的任何时候流产 | 所有仔猪为相同年龄，也可任何年龄 | 可能自溶或较正常，皮下水肿，腹腔积液或胎盘出血、化脓 | 从胎儿培养细菌、母猪群血清检查阳性 |
| 大肠杆菌、化脓棒状杆菌、金黄色葡萄球菌、巴氏杆菌、猪丹毒杆菌、沙门氏菌等感染子宫 | 一般无临诊症状 | 所有仔猪为相同年龄，也可任何年龄 | 可近乎正常，或稍自溶，有水肿，化脓性胎盘炎 | 从胎儿分离培养 |
| 猪细小病毒病 | 无 | 胎儿常死在不同的发育阶段 | 重吸收，木乃伊胎常见，分解的叶盘紧裹着胎儿，死胎或弱胎 | 病毒分离 |
| 日本乙型脑炎 | 无 | 胎儿常死在不同的发育阶段 | 与猪细小病毒病相似，有脑积水，皮下水肿，胸腔积液，腹水，肝脾坏死灶 | 胎儿荧光抗体试验 |
| 伪狂犬病 | 由轻到重，喷嚏，咳，厌食，便秘，流涎，呕吐，中枢神经系统症状 | 胎儿常死在不同的发育阶段 | 肝局灶坏死，木乃伊，死胎，再吸收（窝的头数少）坏死性胎盘炎 | 母猪采集血清样品 |
| 猪流感 | 极度衰弱，嗜睡，呼吸用力，咳嗽 | 胎儿常死在不同的发育阶段 | 木乃伊胎、死胎、出生仔猪虚弱 | |

（续）

| 病因 | 病母猪临床症状 | 胎儿日龄 | 胎儿和胎盘病变 | 实验室诊断 |
|---|---|---|---|---|
| 猪瘟 | 嗜睡，厌食，发热，结膜炎，呕吐，呼吸困难，红斑，发绀，腹泻，共济失调，抽搐 | | 木乃伊胎，死胎，水肿，腹水，头和肢畸形，肺小点出血和小脑发育不全，肝坏死 | 胎儿组织切片荧光抗体法，取扁桃体组织 |
| 蓝耳病 | 呼吸道症状，重复发情，流产，迟产 | 任何年龄 | 死产，胎儿死亡率高，八字腿 | 病毒分离 |
| 弓形虫感染 | 无 | 任何年龄 | 流产，木乃伊胎、死胎 | 血清学 |
| 霉菌中毒 | 可能四肢末端和尾干性坏疽 | 一般为同一年龄 | 流产，死胎，弱猪无肉眼疾变 | 饲料分析 |
| 过肥胖 | 无 | 母猪配种后过量喂饲可造成胚胎死亡 | 无 | 病史，饲料水平 |
| 饲料不足 | 极瘦，可能多尿 | 任何年龄 | | 病史，母猪争食 |
| 饲料中毒 | | 任何年龄 | 流产，死胎 | 饲料分析 |
| 任何全身性感染性疾病，丹毒、传染性胃肠炎、胸膜肺炎等 | 发热疾病的其他症状，因特定的病原而不同 | 同一年龄，任何年龄 | 常无 | 病史和临诊症状 |
| 高温环境 | 配种时高温 | | | 临诊症状和病史 |
| | 产仔时高温，母猪喘，充血 | 流产或重吸收死胎足月 | 无 | |
| 物理性创伤 | 不同大小的母猪养在一起，皮肤擦伤 | 同一年龄、任何年龄 | | |
| 临床医疗药物事故 | 不当的驱虫药、保健药等 | | | |

表4-3　造成母猪返情的因素

| | 可能原因 | 进一步检查 |
|---|---|---|
| 有规律的返情 | 玉米赤霉烯酮 | 检查发情期前的后备母猪外阴是否发红、肿大，检查饲料样品中玉米赤霉烯酮含量 |
| | 卵巢囊肿 | |
| | 伴随于人工授精的医源性原因 | 人工授精时精液污染或者人工授精不当公猪失能 |
| | 公猪使用过度 | 查阅公猪使用记录，每周公猪使用不能超过4次 |
| | 不能配种 | 体格检查，检查其生殖道有无解剖学缺陷、站立和爬跨能力。观察其交配行为以检查其性欲和经验。近期有无发热的疾病或皮质类固醇治疗 |
| | 配种时间安排不合理 | 审阅猪群配种程序，确保每一母猪在发情期至少配种2次 |
| 无规律的返情 | 各种疾病：猪细小病毒、伪狂犬病、钩端螺旋体病、布鲁氏菌病、附红细胞体、日本乙型脑炎、巨细胞病毒和其他细菌和真菌感染 | 感染：早期流产、胎儿吸收。血清学检查揭示猪群中存在病原体 |
| | 任何与发热有关的疾病，环境温度过高 | 猪群的病史。非传染性：早期流产、胎儿吸收。母猪配种时环境温度过高 |
| | 创伤 | 母猪群中有过争斗，大小不均 |
| | 饲喂过度 | 配种后一段时间大量采食与胎儿死亡有关 |

## 四、母猪无乳症的临床鉴别

母猪无乳症的临床鉴别分为全身反应（发热、忧郁、食欲下降）和无全身反应体温正常两类，对这两类临床症状的可能疾病原因和进一步鉴别做如下比较（表4-4）。

表4-4　母猪无乳症的临床鉴别

| 母猪全身反应 | 临床表现 | 发病原因 | 进一步鉴别 |
|---|---|---|---|
| 母猪表现全身反应（发热、忧郁、食欲下降） | 横卧、乳腺红肿且有灼热疼痛的感觉 | 大肠杆菌、链球菌造成乳腺炎 | 对奶水进行细菌培养 |
| | 皮肤充血、青紫、厌食、呼吸困难 | 猪应激综合征，高温引起的虚脱 | 检查身体及环境温度 |
| | 阴道流出带有恶臭味的脓水或血水，食欲下降 | 大肠杆菌、链球菌引起子宫炎 | 子宫分泌物培养 |
| | 厌食、贫血、乳房和外阴可能有水肿 | 急性附红细胞体病 | 检验血液中的原虫 |
| | 呕吐、厌食、发热、腹泻 | 传染性胃肠炎 | 检查仔猪情况、血清抗体检测 |
| | 鼻子、吻突、蹄部有水疱 | 水疱性口腔炎或其他水疱性疾病 | 进行补体结合或病毒中和试验 |
| 母猪无全身反应体温正常 | 乳腺外形正常 | 乳头发育不良 | 身体检查 |
| | 乳腺外形正常，但内在的乳腺组织发育不全 | 母猪未发育成熟及能量、水、维生素 E、泛酸、硒、维生素 $B_2$ 缺乏 | 分析配方和观察喂料方法，真菌毒素试验 |
| | 乳腺外形正常，但内在的乳腺硬性组织过多（乳房发硬） | 在产仔之前和产仔后几天里食盐过多，妨碍猪仔吃奶的情况（腿站不直，未断犬齿，猪瘦小体弱） | 配方分析，观察喂料情况，进行身体检查 |

## 五、种猪不育的鉴别

### （一）种猪不育的病因分类鉴别

**1. 先天性不育**　常伴有生殖器官发育异常或畸形，性染色体畸变。

**2. 营养性不育**　与母猪的饲养管理有直接关系，母猪过度肥胖或消瘦，或者有维生素和微量元素缺乏的临床表现，饲料中维生素和微量元素含量不足。

**3. 管理利用性不育**　与发情鉴定、人工授精技术人员的素质有直接关系。在提高专业技术人员的素质和建立严格的发情鉴定、妊娠检查、配种制度和操作规范后，可以立即纠正。

**4. 由全身性疾病引起的不育**　伴有该病的特征症状，随着疾病的治愈，通常不育也可以不治而愈。

**5. 由生殖器官疾病引起的不育**　或者有阴道、子宫颈和子宫体的炎症，从阴户中流出脓性分泌物；或者有卵巢囊肿；或者有内分泌激素的分泌紊乱。

**6. 免疫性不育**　母猪的全身状况和体形体态状况正常，阴门、阴道、子宫颈检查均无异常，卵泡发育和发情周期往往也正常，但屡配不孕。

### （二）种公猪不育的病因鉴别思路

**1. 种公猪不育**　公猪达到配种年龄后缺乏性交能力、无精或精液品质不良，其精子不能使正常卵细胞受精，或者由于各种疾病或缺陷，使种公猪的生育力低，就称为公猪不育。

**2. 生殖器官检查**　观察阴茎、包皮、阴囊和睾丸的外形，有无先天性异常和损伤，对可疑器官进行重点检查。

（1）阴茎和包皮　阴茎有无破损、肿胀、流血、血肿、肿瘤，是否有阴茎脱垂和形成嵌顿包茎，阴茎与包皮是否粘连；包皮口大小，是否有分泌物流出等。

（2）阴囊　注意阴囊充盈度、对称性及悬垂程度，有无破损、肿胀和热痛感等。

（3）睾丸 注意睾丸和附睾的大小和坚实度，有无囊肿（精液滞留）和硬结（肿瘤、精子肉芽肿）等。

（4）副性腺 注意其对称性，有无炎性肿胀。

**3. 精液检查** 注意采精量、精子密度、精子活性、精子形状等。

### （三）引起公猪睾丸炎肿胀或炎症的疾病

引起公猪睾丸炎肿胀或炎症的疾病主要有布鲁氏菌病、猪乙型脑炎、衣原体病和细小病毒病。在此对这些疾病的鉴别比较如下（表 4 - 5）。

表 4 - 5 引起公猪睾丸炎肿胀或炎症的疾病

| 疾病 | 其他猪症状 | 伴随症状 | 剖检变化 |
| --- | --- | --- | --- |
| 布鲁氏菌病 | 母猪多在怀孕的第 3 个月发生流产，流产前母猪精神不振、乳房阴唇肿胀、子宫炎、跛行 | 公猪常发生睾丸炎，两侧或单侧睾丸明显肿大、疼痛，关节炎多发生于后肢，患处肿大、疼痛 | 睾丸淋巴结多呈多汁、肿胀及出现灰黄色小结节 |
| 猪乙型脑炎 | 最明显的临诊是头胎母猪流产、早产、产死胎或木乃伊胎，仔猪出生不久便出现全身痉挛抽搐 | 一侧或两侧睾丸肿胀，经过 2~3 天后炎症开始消退，睾丸萎缩变硬 | 公猪睾丸肿大 |
| 衣原体病 | 母猪发病主要表现为流产，且初产母猪多发，仔猪呈结膜发炎、肺炎、多发性关节炎、脑炎 | 尿道炎、睾丸炎、附睾炎、精液品质下降，受配母猪受胎率下降 | |
| 细小病毒病 | 初产小母猪易感。一般无明显症状，但会表现出屡配不孕、死胎和木乃伊胎，怀孕期和分娩间隔时间延长 | 公猪无明显症状，精液长期带毒 | 无明显眼观病理变化 |

# 第五章　猪神经、运动系统疾病的鉴别诊断

## 第一节　猪神经系统病理特点

### 一、脑炎分类

根据病变特点，脑炎可分为非化脓性脑炎和化脓性脑炎两类。

**1. 非化脓性脑炎**　是指脑组织炎症过程中渗出的炎性细胞以淋巴细胞、浆细胞、单核细胞为主，而无化脓过程的脑炎。如果脊髓同时受损，则称为非化脓性脑脊髓炎。多种病毒感染可引起非化脓性脑炎，如狂犬病病毒、血凝性脑脊髓炎病毒、乙型脑炎、泛嗜性病毒、伪狂犬病病毒、猪瘟病毒等。

**2. 化脓性脑炎**　是指脑组织由于化脓菌感染引起的以大量中性粒细胞渗出，同时伴有局部组织的液化性坏死和脓汁形成为特征的炎症过程。若同时伴发化脓性脊髓炎，则称为化脓性脑脊髓炎。多种细菌感染可引起化脓性脑炎，如葡萄球菌、链球菌、棒状杆菌、化脓性放线菌、巴氏杆菌、李氏杆菌，主要经血源性感染引发。

剖检病变见脑组织有灰黄色或灰白色化脓灶，其周围有一薄层囊壁，内为脓汁。大脑脓肿一般始于灰质，并可向白质蔓延，在白质沿神经纤维束扩散而形成卫星脓肿；组织源性感染以孤立性脓肿多见。

### 二、脑软化

脑组织局部坏死后，坏死部的脑组织分解变软，称为脑

软化。

**病因**　很多病因都能引起脑软化，例如，某些微生物感染（如产气荚膜梭菌 D 型）、维生素缺乏（如维生素 E 缺乏）、毒物中毒（串珠镰刀菌的毒素）等。

**病变特点**　几种比较重要的疾病引起的脑软化病变，通常神经系统主要表现基底神经节、灰质和丘脑背侧出现两侧壁对称性的软化灶，软化灶直径可达 1～1.5 厘米，呈红色，历时较长后变为灰黄色，常伴有出血。

### 三、脑水肿

脑水肿是指脑组织的血管周围腔、蛛网膜下腔和神经元周围腔广泛地集聚液体。眼观见脑回肿胀，脑沟变平，切面湿润、发亮，脑实质柔软。脑水肿多发生于局部或全身性瘀血，也见于休克时的血管渗透性增高。镜检可见血管周围的淋巴腔扩张，积有粉红色浆液样渗出物，神经细胞周围的间隙也扩大。

### 四、化脓性关节炎

**剖检**　关节肿胀，在肿胀的关节囊内见有白色、黄色或绿色的脓液。感染胸膜肺炎病原体时，脓液呈稀薄水样、无色。感染链球菌或葡萄球菌时，脓液为白色或黄色，呈稀薄乳状或浓稠状。感染棒状杆菌时，脓液为黏稠的黄绿色。

化脓性关节炎常破坏关节软骨，特别是化脓时间较长时，由于关节软骨破坏而生成溃疡，有时波及骨骺部而破坏骨组织。化脓波及关节周围组织并穿透关节囊而形成瘘管时，则脓液不断外流。如果化脓时间长，关节周围结缔组织明显增生，则生成慢性化脓性关节炎。

**镜检**　可见关节滑液膜及关节周围的组织有多量中性粒细胞浸润，并能见感染的化脓性细菌。

## 五、蹄炎

蹄炎是指有蹄动物蹄部所发生的各种炎症。

**1. 蹄叶炎**　多发生于两前蹄，但有时也可发生于全四蹄。病变发生于蹄皮膜（角小叶、肉小叶部），呈弥漫性的无菌性炎症。炎症主要发生于蹄尖壁、蹄侧壁及蹄底。在蹄的肉小叶和角小叶间蓄积浆液性渗出物和出血，结果使两者的连接弛缓、分离，蹄骨向下方转移，蹄骨的尖端下沉，后方因受深屈腱的牵引而不是全部下沉，故蹄底往下方隆突。蹄冠部凹陷，蹄变形，蹄壁生成不正的蹄轮，各蹄轮不相平行。蹄底白线明显开张、弛缓、脆弱。蹄尖壁呈块状肥厚，蹄踵高立。蹄叶炎常生成芜蹄。

蹄叶炎的发生原因是多种多样的，主要包括以下 3 种。

（1）不平坦的砂石硬地上，可引起负重性蹄叶炎。

（2）给予过多的浓厚饲料，如燕麦、玉米、大豆等，可引起饲料性蹄叶炎。其中也有饲料中毒及变态反应而发病。

（3）多数可继发于胸疫、流感等传染病的经过中，生成转移性蹄叶炎。

**2. 蹄皮炎**

（1）化脓性蹄皮炎　由于钉伤、裂蹄等侵入化脓菌而生成的急性炎症。炎症可发生于蹄皮的各个部位，但一般多发生于后部。由蹄皮炎引起弥漫性化脓时称为蹄皮的脓性浸润，局限性的蓄脓称为蹄脓肿，生成恶性肉芽肿的慢性病例，称为蹄溃疡，化脓呈管状空洞，排出灰白色脓性渗出物时称为蹄瘘。

（2）坏疽性蹄皮炎　蹄皮局部发生坏死，生成腐败性渗出物。蹄皮的坏疽一般由化脓菌、坏死菌等引起。此病易发生于不洁潮湿的猪舍。

# 第二节 引起猪神经症状的常见疾病

与神经症状有关的猪病除以下传染病外，还有猪瘟、伪狂犬病等传染病，一些中毒性疾病（如霉菌毒素中毒、食盐中毒）也会出现神经症状，应注意区别。

## 一、猪链球菌病

详见第三章第二节。

## 二、猪水肿病

猪水肿病是由病原性溶血性大肠杆菌产生毒素而引起的疾病。主要是以运动障碍、惊厥和局部水肿为主要特征，其经过迅速，发病率低，但病死率高达90％以上。

**流行病学** 本病一年四季都可发生，但以气候变化较大的春、秋季多发，各种日龄的猪都可感染，小至数日，大至4月龄，但以断奶仔猪和体况健壮、肥胖的猪发病较多。饲料突变与仔猪吞食大量饲料引起肠胃功能紊乱与肠道微生物群紊乱，从而导致大肠杆菌繁殖，这是发生水肿病的根本原因。

**临床症状** 发病突然，没有任何症状而突然死亡，同窝仔猪以肥壮者多发。最典型的症状是肌肉运动失调、步态蹒跚、盲目前进或做圆圈运动，喜侧卧，口吐白沫，肌肉震颤、抽搐、四肢动作呈游泳状。触动时，叫声嘶哑，大多数病猪在出现瘫痪后2～3小时内死亡，个别的在1～2天内死亡。

水肿是本病的特征性症状，仔细检查时，可见眼睑、眼结膜甚至头、颈、胸腹下等处均出现水肿。病猪精神沉郁，食欲减退或不食，病前常出现腹泻，病后则常便秘，多数体温正常，个别也可达到41℃以上。

**病理变化** 可见全身各组织水肿，尤以胃大弯处、肠系膜及头顶部、股部皮下呈胶冻样水肿为特征。颈部、胸腹等处皮下结缔组织出现胶冻样浸润，大多数猪肺充血、瘀血、水肿，心包、胸、腹腔积液。心肌、心外膜有时可见严重出血，胃底黏膜弥漫性出血也较常见。出现神经症状时，脑硬膜下充血、水肿，脑脊液增多，脑实质有出血点（彩图5-1，彩图5-2）。

### 三、猪传染性脑脊髓炎

本病是感染猪脑脊髓炎病毒引起的中枢神经系统障碍性传染病。

**流行病学**　直接接触性传播，消化道是主要的传播途径，本病的传播一般不快，幼龄仔猪的易感性较大，康复后有坚强的免疫力。

**临床症状**　病猪以神经症状、运动障碍为主要特征，病初体温升高、兴奋、前冲或转圈、不断跌倒、四肢僵直、咀嚼、磨牙，进一步发展则知觉麻痹、侧卧、四肢做游泳状划动，最后因呼吸中枢麻痹死亡，病程1～4天。慢性病猪常见于老年猪只，神经症状轻微，很少死亡。

**病理变化**　仅可见脑或脊髓严重充血、水肿或脑膜出血。

### 四、破伤风

病原是破伤风梭菌，破伤风梭菌在土壤中广泛存在，属厌氧菌，本病为人畜共患传染病。

**流行病学**　猪破伤风往往因阉割器械消毒不严而引起传播。自然状态下，该病不会从一头猪直接传给另一头猪，所以通常只是个别猪发病。

**临床症状**　本病的特征性症状是运动神经中枢反射性增高与持续性肌肉痉挛，肌肉强直从头部开始，逐步波及全身，行走困难，牙关紧闭，瞬膜突出、流涎、背僵直。

**病理变化**　有创伤史，通常多窒息死亡，血凝固不良、呈暗红色。

**小结**　以神经症状为主症的传染病的治疗原则：对因、对症治疗，抗菌消炎、抗病毒，缓解症状（退热止血），增强机体抵抗力。

## 五、猪血凝性脑脊髓炎

病原体为冠状病毒科的猪血凝性脑脊髓炎病毒。

**流行病学**　本病仅猪感染，尤其哺乳仔猪最易感。多数是从外地引进猪只后发病。常侵害一窝或几窝哺乳仔猪后就停止发病。年龄较大的猪多为隐性感染。

**临床症状**　可分为脑脊髓炎型和呕吐消瘦型。

（1）脑脊髓炎型　多发于2周龄以下（更多见于4～7日龄）的哺乳仔猪。病初食欲废绝，继而呈现嗜睡、呕吐、便秘等症状，少数体温升高。其后被毛逆立，四肢皮肤呈蓝紫色，打喷嚏，咳嗽，磨牙。1～3天后出现中枢神经系统障碍。对声响和触摸表现过敏，发出尖叫声，或卧地呈游泳状运动。运步时呈高跷样姿势，步态不稳，后肢逐渐麻痹。最后呼吸困难，眼球震颤，失明，昏迷而死。病死率可高达100%。

（2）呕吐消瘦型　主要表现体温升高，反复呕吐，不食，常群聚一堆，便秘，消瘦，口渴。严重者不能饮水，虽将嘴浸入水中但不吸啜吞咽。几天后即出现严重脱水，终因昏迷而死。年龄较大的猪症状较轻。3周龄以下仔猪的发病率和病死率很高，不死者转为慢性消瘦的僵猪。

**病理变化**　病猪的病理变化不明显，无诊断意义，通常根据临床表现和流行特点，可以做出初步诊断。要确诊必须进行实验室检查。应采取病死猪的脑组织，送兽医检验单位进行病理组织学检查及病毒分离。

**诊断**　本病脑脊髓炎型与猪传染性脑脊髓炎、伪狂犬病、李氏杆菌病的症状相似,应注意鉴别。呕吐消瘦型的呕吐、消瘦与猪流行性腹泻、猪传染性胃肠炎症状相似。但猪流行性腹泻及猪传染性胃肠炎病猪有严重的腹泻症状,发病急剧,传播迅速,病程短,无神经症状,将病猪肠上皮细胞涂片用猪流行性腹泻荧光抗体染色,或取瘸猪粪便做猪流行性腹泻酶联免疫吸附试验即可区别。

# 第三节　引起猪神经性疾病的鉴别诊断

神经系统在猪生命活动中起主导作用。在神经系统的控制下,猪体内各部分的活动互相联系互相协调,使全部生命活动整合为一个统一的整体。正因如此,神经系统受到损害时表现出的症状十分复杂而多样化。根据损害产生的原因、部位、性质及病程的不同,可出现缺失症状(神经组织正常功能减弱或消失)、刺激症状(神经系统受病理刺激后过度兴奋)、释放症状(神经中枢受损伤后,正常时受其制约的低级中枢出现功能亢进)及休克症状(中枢神经某部分急性严重损害时远隔部神经功能暂时丧失)。

## 一、猪神经、运动系统症状分类

**1. 意识障碍**　表现为意识降低或增强。这种意识障碍常常涉及大脑,包括精神兴奋及精神沉郁、嗜睡、昏睡、昏迷和晕厥等抑制状态。

**2. 肌肉不随意运动**　大脑的运动中枢紊乱时发生肌肉不随意运动。按其程度的差别,肌肉震颤、抽搐(包括阵挛性痉挛、强直性痉挛)和强迫运动。如发生的肌肉区很小,可引起皮肤颤动。不随意运动加重时,常常是脑疾病的指征。

**3. 姿势和运动异常**　由神经系统疾病所致的姿势异常,

包括强迫性头低垂、角弓反张、头或颈偏歪、头旋转等。异常运动还包括轻瘫（不全麻痹）和瘫痪（麻痹）。轻瘫使猪不能站立，而瘫痪更能表明局部疾患，可能由局部神经损伤引起，也可能由中枢神经损伤引起。步态的共济失调是脑神经紊乱的结果，与部分麻痹和本体感觉机能紊乱不易做出鉴别诊断。

**4. 感觉障碍**　外周感觉神经损害时有感觉过敏或感觉减弱。敏感性刺激缺乏反应。

**5. 共济失调**　波及脑的共济失调在猪中很常见，它常与运动障碍交织在一起发生。

**6. 植物性神经系统机能紊乱**　头部副交感传出神经的异常体征包括瞳孔缩小、流涎、上呼吸道和前部消化道肌肉的不随意活动，常侵害动眼神经（Ⅲ）、面神经（Ⅶ）、舌咽神经（Ⅸ）和迷走神经（Ⅹ）及其核。引起体温过高、体温过低等变化。

在猪的临床症状鉴别诊断过程中，意识障碍、姿势和运动异常、瘫痪、痉挛、视觉障碍及植物性神经系统机能紊乱都是兽医应注意的异常表现。

## 二、猪表现有神经症状的病因归类

猪表现有神经症状的主要疾病有传染病、寄生虫病、中毒病、营养代谢病和外科病，这五大类疾病的归类如下（图5-1）。

## 三、引起猪神经症状的疾病鉴别

### （一）引起哺乳仔猪神经症状的疾病鉴别诊断

引起哺乳仔猪神经症状的疾病鉴别从流行病学、临床症状、病理剖检变化做如下比较（表5-1）。

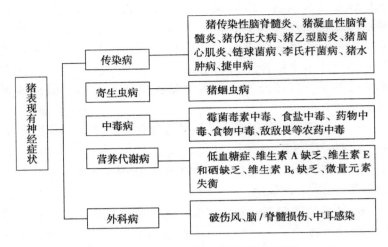

图 5-1　猪表现有神经症状的病因归类

表 5-1　引起哺乳仔猪神经症状的疾病鉴别诊断

| 疾病 | 发病率 | 死亡率 | 发病日龄 | 临床症状 | 其他猪症状 | 剖检变化 |
|------|--------|--------|----------|----------|------------|----------|
| 低血糖症 | 散发，一窝中若仔猪数比乳头多，可能有1~2头发病，若母猪无乳，则整窝发病 | 高，发病猪的90%~100% | 通常2~3日龄 | 共济失调，俯卧或侧卧，抽搐、前腿划水状，喘气，空嚼，体温低 | 母猪不食、不泌乳 | 胃内无食物，不见体脂，肌肉红棕色 |
| 伪狂犬病 | 高，可达100%。未免疫母猪所产的仔猪可达100%，免疫母猪所产仔猪可达20%~40% | 高，100% | 最初暴发感染所有日龄的未断奶猪 | 呼吸困难，发热、多涎，呕吐、腹泻，共济失调，眼球震颤，抽搐，昏迷，日龄越小越严重 | 流产、呕吐、喷嚏、咳嗽、便秘、中枢神经症状 | 鼻黏膜和咽充血，肺水肿，坏死性扁桃体炎，肝脏和脾脏有1~2毫米的白色病灶 |

（续）

| 疾病 | 发病率 | 死亡率 | 发病日龄 | 临床症状 | 其他猪症状 | 剖检变化 |
|---|---|---|---|---|---|---|
| 先天性震颤 | 高，80%或更高 | 低，0～25% | 出生时 | 出生时严重震颤，3周内逐渐减轻，猪睡眠时震颤消失，在暴发初期感染的猪症状最严重 | 无 | 无肉眼可见病变 |
| 链球菌性脑膜炎 | 低于50%窝数发病，可达整窝的70% | | | 体温升高，后躯乏力，步态僵硬，震颤、运动失调，划水状，麻痹，角弓反张，抽搐，失明，跛行，猝死 | | 脑和脑膜充血，化脓性脑膜炎和多发性关节炎，多量浑浊的脑脊液，瓣膜性心内膜炎 |
| 捷申病 | 高，可达100% | 发病猪高 | 任何日龄 | 发热、厌食、共济失调，逐渐发展为抽搐、麻痹、角弓反张和昏迷 | 母猪与仔猪相同 | 无肉眼可见的病变，中枢神经系统有组织学病变 |
| 铁中毒 | 凡注射过铁制剂的都可能发病，通常是整窝 | 高 | 注射铁制剂以后 | 呆滞、嗜睡、呼吸困难和昏迷 | 无 | 注射部位周围水肿，肌肉苍白，肾肿大，心外膜出血，胸腔积水和肝坏死 |
| 有机磷中毒 | 可能高，取决于多少猪治疗过 | 高达100% | 出生时可见 | 流涎、呕吐、僵直、腹泻、腹痛、流泪、出汗、呼吸困难，肌肉震颤 | 通常无 | 肺水肿 |

（续）

| 疾病 | 发病率 | 死亡率 | 发病日龄 | 临床症状 | 其他猪症状 | 剖检变化 |
|------|--------|--------|----------|----------|------------|----------|
| 母猪维生素A缺乏症 | 高 | 高 | 出生时 | 运动失调，头歪斜，后肢麻痹，划水状，眼损伤 | 无 | 肝脏灰黄色，肾脏病变，体腔液积液 |
| 血凝性脑脊髓炎 | 低至50% | 可达100% | 常见于4日龄 | 嗜睡、呕吐、划水状、尖叫 | 无 | 无肉眼可见的异常 |

## （二）断奶猪和成猪神经性疾病的鉴别诊断

断奶猪和成猪神经性疾病和哺乳仔猪神经性疾病有所不同，在此把断奶猪和成猪神经性疾病的鉴别诊断从流行病学、临床特点、病理剖检变化做如下比较（表5-2）。

表5-2　断奶猪和成猪神经性疾病的鉴别诊断

| 疾病 | 流行情况 | 临床症状 | 死亡率 | 剖检变化 | 实验室诊断 |
|------|----------|----------|--------|----------|------------|
| 伪狂犬病 | 所有日龄，整群发生，在较小猪倾向于影响神经系统，且症状较严重 | 成猪：喷嚏、咳嗽、便秘、流涎、呕吐、肌肉痉挛、共济失调、抽搐、划水状、昏迷。怀孕猪：胎儿吸收、木乃伊化、死产 | 高，特别是在较小猪 | 鼻黏膜和咽部水肿、肺水肿、坏死性扁桃体炎、肝脏和脾脏有黄白色的坏死灶 | 从扁桃体和脑分离病毒、组织做荧光抗体检测、血清学抗体 |
| 水肿病 | 断奶后1～2周，仔猪发病率达15% | 一些猪猝死，运动失调和步态摇晃，共济失调，震颤，划水状，眼睑水肿 | 高，50%～90% | 腹部皮肤发红，皮下组织、胃壁和结肠系膜水肿 | 从小肠和结肠分离大肠杆菌并分离毒素 |

（续）

| 疾病 | 流行情况 | 临床症状 | 死亡率 | 剖检变化 | 实验室诊断 |
|------|---------|---------|-------|---------|-----------|
| 食盐中毒 | 任何日龄，但多见于哺育仔猪至育肥猪，整圈发病 | 失明，肌无力和肌束震颤，迟钝、厌食、呕吐、腹泻、癫痫、头震颤、角弓反张、弓背、划水状和空嚼 | 高 | 胃溃疡、肠炎、便秘 | 血液浓稠、嗜酸性粒细胞减少 |
| 猪链球菌引起的脑膜炎 | 常发于哺育仔猪，偶见于育肥猪，几周内少数猪发病，偶尔暴发 | 体温升高，后躯乏力，步态僵硬，伸展动作，震颤、运动失调、划水状、麻痹、角弓反张，抽搐、失明 | 高 | 脑和脑膜充血，化脓性脑膜炎，过量浑浊的脑脊髓液，化脓性多发性关节炎 | 从病变或化脓性脑膜炎中分离β溶血性链球菌 |
| 中耳炎 | 任何日龄，散发 | 头部姿势异常，转圈运动 | 低 | 中耳发炎/化脓 | 尸体剖检 |
| 副猪嗜血杆菌脑膜炎 | 常发于5～8周龄仔猪，10%～50%，特别是近期混群的猪 | 发热、肌肉震颤，后躯运动失调、躺卧，呈划水状 | 中度，20%～50% | 纤维素性脑膜炎，伴有胸膜炎、心包炎，腹膜炎和关节炎 | 分离副猪嗜血杆菌 |
| 有机砷中毒 | 任何日龄，尤其是做过猪痢疾和附红细胞体治疗的猪，只有几头发病 | 共济失调，后躯麻痹不全，鹅状步态，失明，麻痹 | 低 | 无 | 坐骨神经脱髓鞘，肾脏和肝脏中砷水平＞2毫克/千克 |
| 脑/脊髓损伤 | 任何日龄，散发 | 往往显示为局部神经性损伤 | 低 | 损伤局限于脑和脊髓 | 剖检显示颅骨或脊髓损伤、骨折，寄生虫，纤维软骨性栓子 |

（续）

| 疾病 | 流行情况 | 临床症状 | 死亡率 | 剖检变化 | 实验室诊断 |
|---|---|---|---|---|---|
| 破伤风 | 任何日龄，有外伤感染，散发 | 步态僵硬、腿强直性步态、耳尾直立、瞬膜突出、角弓反张、肌肉僵硬、痉挛 | 高 | 无肉眼可见的病变 | 可检测到带芽孢的革兰氏阳性杆菌 |
| 狂犬病 | 大于2月龄，散发 | 呼吸困难和震颤、虚脱、咀嚼、流涎、全身性慢性肌痉挛 | 高，100% | 无肉眼可见病变 | 接种动物试验，组织病理学，荧光抗体检测 |
| 李氏杆菌病 | 任何日龄，散发，较小猪症状更严重 | 发热、震颤、运动失调、后肢拖拉、前肢显示步态僵硬、兴奋性高 | 在架子猪较高 | 脑膜炎、病灶性肝坏死 | 从脑、脊髓或肝脏分离李氏杆菌 |
| 敌敌畏、有机磷、氨基甲酸酯中毒 | 用过驱虫药杀虫剂 | 胆碱酯酶被抑制的症状，流泪、缩瞳、发绀、肌肉僵硬、震颤、麻痹、沉郁，皮肤变红、流涎、腹泻、呕吐 | | 无 | 中毒毒物化验 |
| 硝基呋喃中毒 | 治疗猪肠道疾病时过量使用硝基呋喃抗生素 | 全身性神经系统症状，应激性增高、震颤、虚弱、抽搐，伴随腹泻、呕吐 | | | |
| 维生素A缺乏 | | 成猪运动失调、肌肉痉挛、兴奋性增强、夜盲症、麻痹。怀孕母猪运动失调 | | | |

（续）

| 疾病 | 流行情况 | 临床症状 | 死亡率 | 剖检变化 | 实验室诊断 |
|------|----------|----------|--------|----------|------------|
| 烟酸或维生素 B₂ 缺乏 | | 突出的症状是跛行、皮肤病变、白内障和生长不良 | | 可能引起神经脱髓鞘 | |
| 维生素 B₆ 缺乏 | | 生长不良、腹泻、贫血、癫痫样抽搐、共济失调 | | | |

### （三）猪血凝性脑脊髓炎与伪狂犬病的鉴别

猪血凝性脑脊髓炎和伪狂犬病都能引起神经症状。猪血凝性脑脊髓炎剖检仅可见脑或脊髓严重充血、水肿或脑膜出血，伪狂犬病剖检可见肾有出血点，肝脾有针尖大小的灰白色坏死灶。这两者的流行病学、临床特点、病理变化比较如下（表5-3）。

表 5-3　猪血凝性脑脊髓炎与伪狂犬病的鉴别

| 项　目 | 猪血凝性脑脊髓炎 | 伪狂犬病 |
|--------|------------------|----------|
| 病原体 | 小核糖核酸病毒科肠道病毒属 | 疱疹病毒 |
| 发病年龄 | 出生后1个月左右最易感 | 各种年龄均可感染，仔猪发病症状较重 |
| 临床特点 | 病猪以神经症状、运动障碍为主要特征，病初体温升高，兴奋、前冲或转圈，不断跌倒、四肢僵直、咀嚼、磨牙，进一步发展则知觉麻痹、侧卧、四肢作游泳状划动，最后因呼吸中枢麻痹死亡，病程1～4天。慢性病猪常见于老年猪只，神经症状轻微，很少死亡 | 随着年龄不同，症状有很大差异，但都无瘙痒症状，新生仔猪及4周龄以内的仔猪常突然发病，体温升高41℃以上，病猪呕吐或腹泻，随后可见兴奋不安，步态不稳，运动失调，全身肌肉痉挛或倒地抽搐，有的前冲后退，有的转圈运动，随后出现四肢麻痹，倒地，四肢乱动，最后死亡 |

（续）

| 项　　目 | 猪血凝性脑脊髓炎 | 伪狂犬病 |
|---|---|---|
| 病理剖检变化 | 仅可见脑或脊髓严重充血、水肿或脑膜出血 | 鼻腔卡他性或化脓性炎症，咽喉部黏膜和扁桃体水肿，并有纤维性坏死性假膜覆盖；肺水肿，淋巴结肿大，脑膜充血水肿，脑脊髓液增多；胃肠卡他性或出血性炎症，肾有出血点，肝脾有针尖大小的灰白色坏死灶 |
| 家兔皮肤试验 | 无反应 | 有剧痒反应 |
| 治疗 | 目前尚无药物治疗，只能免疫疫苗和对症处置，可用 10%SD-Na 和安定分别肌内注射。可减少损失 | 目前尚无药物治疗，只能免疫疫苗和对症处置，可用 10%SD-Na 和安定分别肌内注射。可减少损失 |
| 不同点 | 病理剖检，仅可见脑或脊髓严重充血、水肿或脑膜出血。其他未见异常 | 病理剖检，不仅有呼吸道和消化道病变，而且还有败血症变化，肾有出血点，肝脾有针尖大小的灰白色坏死灶 |

# 第四节　引起猪运动障碍的疾病鉴别诊断

## 一、引起断奶仔猪到成年猪跛行或瘫痪的疾病鉴别

　　猪跛行或瘫痪主要是由骨病、关节炎、脊柱损伤和肢蹄疾病引起的。在此把病因和临床症状及诊断内容鉴别如下（表5-4）。

表5-4　引起断奶仔猪到成年猪跛行或瘫痪的疾病

| 临床症状 | 病　　因 | 诊　　断 |
|---|---|---|
| 肌肉或软组织眼观肿胀 | 创伤 | 体格检查 |
| | 败血性梭菌感染 | 剖检，细菌，鉴定 |
| | 背肌坏死 | 肌酸磷酸激酶，剖检 |

（续）

| 临床症状 | 病 因 | 诊 断 |
|---|---|---|
| 全身僵硬，少动，步态改变，发热，常伴有败血症状 | 急性败血细菌感染，急性副猪嗜血杆菌感染，急性丹毒，猪链球杆菌病等 | 从肝、心、脾病变中培养细菌 |
| | 感染破伤风 | 鉴定细菌 |
| 关节肿胀 | 慢性副猪嗜血杆菌感染，慢性丹毒，沙门氏菌感染，猪滑液支原体感染，葡萄球菌、链球菌、棒状菌化脓性关节炎 | 从关节培养细菌，尤以链球菌病在临床较多出现 |
| | 佝偻病 | 剖检，骨灰确定，日粮分析 |
| 后肢不全麻痹或麻痹 | 布鲁氏菌病 | 剖检，血清学 |
| | 佝偻病或猪骨软病 | 剖检，日粮分析，其骨软病多为遗传因素而致 |
| | 坐骨结节骨突溶解，股骨近端骺溶解，创伤，脊柱、腰荐或骨盆骨折，椎关节病 | 剖检可见病变 |
| | 风湿病 | 口服水杨酸钠，治疗后运步检查，症状减轻或消失 |
| 尾部咬伤 | 脊柱脓肿 | 剖检，培养 |
| 蹄裂，疼、热、肿 | 腐蹄病（棒状杆菌） | 体格检查，培养 |
| 无外部畸形，疼、热、肿 | 蹄叶炎 | 体格检查，产后有发热史 |
| 蹄异常 | 蹄过度生长，蹄变形，蹄裂缝，蹄踵分离，创伤 | 体格检查 |
| 水疱 | 口蹄疫，水疱病 | 水疱液 |

## 二、伴有关节炎或关节肿大的猪病

伴有关节炎或关节肿大的猪病主要包括：①猪链球菌病，②猪丹毒，③猪衣原体病，④猪鼻支原体性浆膜炎和关节炎，⑤副猪嗜血杆菌病，⑥猪传染性胸膜肺炎，⑦猪乙型脑炎，⑧慢性巴氏杆菌病，⑨猪滑液支原体关节炎，⑩风湿性关节炎。

# 第六章　猪皮肤疾病的鉴别诊断

## 第一节　皮肤病的分类和特点

皮肤病可能只牵涉皮肤，也可能是内部疾病引起的皮肤症状。根据发生情况，可分为原发性皮损和继发性皮损两种。原发性皮损是由于皮肤病理变化直接引起的原始形态学变化，从开始出现皮损直到病的结局，基本上取定型经过，因而对疾病的诊断具有重要意义。继发性皮损常由原发性皮损受机械性刺激或发生继发感染演变而来，一般取非定型变化。尽管其特征性不如原发性皮疹，但对于疾病的诊断仍可提供某些思路。

临床兽医可以通过观察病猪的擦痒行为、舌舔患部行为，也可以通过观察体表擦伤、显著的红斑等临床体征来判定皮肤病。

### 一、皮肤病的病因归类

**1. 寄生虫病**　常见于疥螨病、痒螨病、皮螨病、虱病、蝇蛆病、绦虫病（肛门部瘙痒）等。

**2. 传染病**　如伪狂犬病、猪瘟、仔猪副伤寒、蓝耳病、猪丹毒、猪弓形虫病、真菌性皮肤病。

**3. 变应性疾病**　见于牛感光过敏症、饲料性变应性皮炎、荨麻疹等。

**4. 皮肤感染**　如急性湿疹、金黄色葡萄球菌感染、链球菌感染、指（趾）间脓皮病等。

**5. 其他病因**　如酮血症、霉败饲料饲草中毒、伴有黄疸的肝脏疾病、环境卫生不良、机械性损伤、气温过高或湿度过大等。

## 二、皮肤症状分类

**1. 斑疹**　斑疹为皮肤上一般不隆起于表面、仅有颜色变化的限界性皮疹，是皮肤弥散性充血或出血的结果。这种颜色变化可能是暂时的，也可能长期存在。指压褪色的斑疹，称为红斑；指压褪色，呈密集粟粒状的红斑，称为玫瑰疹，主要见于饲料感光过敏；指压不褪色，呈点状的斑疹，称为红疹；指压不褪色，呈紫色的斑疹称为瘀斑，见于弓形虫病及凝血障碍性疾病等。

**2. 丘疹**　丘疹为皮肤上呈小米大到豌豆大，高出皮肤的局限性隆起，是皮肤乳头层发生浸润的结果。丘疹可由斑疹演变而来，其过渡阶段称为斑丘疹；丘疹也可演变为小疱，其中间阶段称为丘疱疹。主要见于痘病、传染性口炎、毛囊炎、变应性皮炎等。

**3. 结节**　结节为真皮或皮下组织的局限性隆起。外观半球状或乳头状，其颜色和质地不一，是一种比丘疹大而位置深的皮损。常见于昆虫叮咬、结节性皮炎。

**4. 水疱**　水疱为高出皮肤表面，含有液体的小疱。水疱的产生，主要由于炎症引起皮肤乳头层充血，浆液渗出侵入表皮，形成水肿。过度水肿使细胞棘折断，棘细胞退化而形成水疱。见于口蹄疫、痘病、传染性水疱性口炎等。

**5. 脓疱**　脓疱为高出皮肤、含有白色或黄色混浊脓液的水疱，可由丘疹或水疱演变而来，也可能是细菌感染的结果。主要见于痘病、水疱病、口蹄疫等。

**6. 荨麻疹**　荨麻疹为形状不同、大小不一的皮肤暂时性水肿性扁平隆起。常有剧痒，发生突然，此起彼伏，有时融合成大片。表皮和真皮内毛细血管及淋巴管扩张、充血和渗出，形成局限性是荨麻疹的基本发病机制。主要见于昆虫蜇咬、接触有毒植物和霉菌孢子、应用某些药物和生物制剂等。

### 7. 继发性皮损

（1）痂　是存在皮损的皮肤表面的稠厚渗出物经干涸而形成的膜状或板状物。

（2）糜烂　为丘疹、结节表皮破损或水疱、脓疱破裂而形成的表皮组织缺损的潮湿面，常有干痂覆于表面。

（3）溃疡　是真皮组织的大小、形状、深浅不一的缺损。其创缘较清楚，表面常被覆不洁的渗出物或假膜。

（4）坏死与坏疽　活体内局部组织、细胞的死亡称为坏死。坏死组织细胞的代谢停止，功能丧失，并出现一系列形态学改变。坏死可分为3种类型，分别为凝固性坏死、液化性坏死、脂肪坏死。

坏疽是组织坏死后受到外界环境影响和不同程度的腐败菌感染所引起的一种变化。坏疽眼观呈黑褐色或黑色，这是由于腐败菌分解坏死组织产生的硫化氢与血红蛋白中分解出来的铁结合，形成了黑色的硫化铁的结果。坏疽可分为3种类型，分别为干性坏疽、湿性坏疽、气性坏疽。

# 第二节　猪常见的皮肤病

## 一、口蹄疫

口蹄疫是牛、羊、猪等的一种急性、热性传染病，人也可感染，是一种人兽共患病。猪口蹄疫的临床特征是在蹄冠、趾间、蹄踵皮肤发生水疱和烂斑，病猪口腔黏膜和鼻盘也有水疱和溃烂变化。口蹄疫的病原体是口蹄疫病毒，分为7个主型，即甲型（A型）、乙型（O型）、丙型（C型）、南非1型、南非2型、南非3型和亚洲1型，其中以甲型和乙型分布最广，危害最大，单纯性猪口蹄疫是由乙型病毒所引起。

**流行病学**　病原是口蹄疫病毒，本病的传染源很广，病猪的各种组织，分泌物和排泄物都有传染性。传播方式复杂，直接或间接均可传播。流行方式多为蔓延式，间有跳跃式流行。一年四

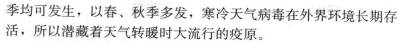

季均可发生，以春、秋季多发，寒冷天气病毒在外界环境长期存活，所以潜藏着天气转暖时大流行的疫原。

**临床症状**　本病的特征性症状在蹄冠、蹄叉、鼻镜、母猪乳头出现水疱，水疱内充满灰白色或淡黄色液体，初期水疱仅米粒至绿豆大，后融合于一起达蚕豆至核桃样大，12 天后水疱破裂、溃烂或结痂，有的蹄壳脱落，35 天后逐渐康复。病初体温 40～41℃，减食、出现跛行。仔猪可因肠炎和心肌炎死亡。

**病理变化**　剖检可见病变主要在心脏，心包膜有出血斑点、心包积液，心肌切面可见灰白色或淡黄色斑点或条纹。此外也可出现胃肠黏膜出血性炎症（彩图 6 - 1 至彩图 6 - 3）。

**诊断**　口蹄疫病毒具有多型性，而其流行特点和临床症状相同，其病毒属于哪一型，需经实验室检查才能确定。实验室常用酶联免疫吸附试验检测口蹄疫病毒。

## 二、猪丹毒

猪丹毒是由丹毒丝菌引起的一种急性、热性的人畜共患传染病。其特征是急性型呈败血症症状，亚急性型是皮肤出现紫红色疹块，慢性型常见心内膜炎和关节炎。

**流行病学**　病原是猪丹毒杆菌，猪丹毒病世界各地广泛流行，多呈散发或地方流行，夏、秋炎热季节多发，常见于 4～6 月龄的架子猪，而哺乳仔猪和老龄猪很少发生。猪丹毒杆菌对自然环境的抵抗力较强，在 37℃普通水沟或河水中都可存活与繁殖 10～20 天，所以病原体广泛存在，猪被传染的机会很多。病猪是主要的传染源，其次是病愈和健康带菌猪，病菌随粪、尿、唾液和鼻分泌物等排出体外，污染舍内环境、饲料、饮水及土壤等。

**临床症状**　本病一般分为急性败血型、亚急性疹块型和慢性型。急性爆发初期常未见症状突然死亡，死前体温高达 42～43℃，寒战、鸣叫，部分病猪死后不久或死前皮肤上出现红斑，颜色从浅红色转变为暗紫色，指压红色消失、指去复原。亚急性病初体温 40～41℃，便秘，发病 1～2 天后在颈部、肩胛部、后股外侧等处出现菱形、圆形及不规则四方形疹块，疹块处与健康皮肤的界限十分明显，疹块扁平、稍凸起于皮肤表面，初期呈红色，后期变为暗红、紫红色，严重的疹块中心坏死、结痂，有时皮肤整块坏死，耳、尾部分脱落。慢性型关节肿胀、发炎、心内膜炎等，常有伏卧，驱赶时行走困难等症状。

**病理变化**　全身淋巴结出血、肿大、充血。脾脏肿大、充血，呈樱桃红色。心包积液，肺充血、水肿。常见胃底及十二指肠充血、出血，肾肿大、紫红色、切面可见小点出血；慢性心瓣膜表面偶见有溃疡性或菜花样赘生物，四肢关节肿大、关节囊积液并有纤维素渗出物，严重时肉芽组织增生（彩图 6-4，彩图 6-5）。

## 三、猪痘

病原是猪痘病毒，猪痘是一种接触性传染病。

**流行病学**　猪痘病毒仅能感染猪，常集体发生，对幼龄猪有易感性，易发于 4～6 周龄仔猪，年龄较大的或成年猪有较强的抵抗力，发病较少。

**临床症状**　病初体温升高，减食，鼻、眼结膜呈卡他性炎症，鼻镜、眼皮、股内侧、下腹等被毛稀少处出现有规律的病变，即红斑→丘疹→水疱→脓疱→结痂。有时蔓延至颈部和背部，病程较长，20～60 天，病猪一般良性经过，但明显影响生长速度和饲料利用率。

## 四、猪渗出性皮炎

仔猪渗出性皮炎是由葡萄球菌引起的一种高度接触性皮肤病。以皮肤上出现大面积渗出液或黏液性结痂为特征。

**流行病学**　本病一年四季都可发生，常见于 3～35 日龄的仔猪，在饲养管理、卫生条件差或缺乏维生素、矿物质时易诱发本病的发生或蔓延。病猪或舍内存在过量的病原菌，特别是母猪乳

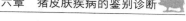

头周围存在过量的病原菌，当仔猪皮肤损伤时就可造成感染。

**临床症状**　急性的多见于哺乳仔猪，先是在眼睛周围、嘴角、耳郭等部出现2～3毫米的微黄色水疱，迅速破裂，其浆液与皮屑、皮脂和污垢混合后，迅速遍及整个身体，在皮肤上覆盖一层黑棕色的油脂性痂块。病的中后期，多数体温升高，食欲下降，迅速消瘦，有的出现瘙痒，严重病例一般在3～5天后出现死亡。

较大的仔猪和架子猪，有的仅在皮肤上出现直径1～2厘米的分散的黑棕色痂块。有的在胸腹下出现大面积的溃烂，痂皮脱落后露出深红色皮肤，有瘙痒感（彩图6-6，彩图6-7）。

## 五、猪水疱病

猪水疱病是由病毒引起的一种急性传染病。其临床特征是在蹄部、口腔、鼻端和母猪乳头周围发生水疱。猪水疱病病毒属于小RNA病毒科的肠道病毒属。

**流行病学**　本病一年四季都可发生，但仅感染猪，而牛、羊等家畜不发病，不同年龄、性别、品种的猪均可感染，但以乳哺母猪和乳哺仔猪发病率较高。病猪、潜伏期猪和病愈带毒猪是主要的传染源，病毒可通过粪、尿、水疱液和乳排出体外，污染环境、饮水及饲料。一种是健康猪由于接触病猪或因皮肤的擦伤或小伤口而感染本病，另一种是健康猪通过食入被污染的饲料、饮水或含病毒而未经消毒的泔水和屠宰下脚料，经消化道感染。

**临床症状**　病猪在病初体温升高至$40～41℃$，同时在鼻镜、唇、舌、口腔、脚底、趾间隙的蹄冠等处常见到水疱。水疱很快破裂，露出鲜红色的溃疡。当哺乳母猪感染时，在母猪乳头周围常见到水疱，而哺乳仔猪很少看见。当蹄冠和趾间发生水疱时，病猪行走困难。当继发细菌感染时，局部化脓，可造成蹄壳脱落，病猪卧地不起，精神沉郁，食欲减退。个别病猪出现神经症状（转圈、强直性痉挛等），一般在10天左右可自愈，初生仔猪可造成死亡。

**病理变化**　一般内脏器官无肉眼病变。只见蹄部、口腔、鼻端和母猪乳头周围发生水疱、溃烂。

**诊断**　本病在临床上很难与口蹄疫区别，有条件的地方可以通过实验室诊断来加以鉴别。没有条件的可根据当地的流行情况和临床症状，因水疱病只有猪感染，而口蹄疫可传染给牛、羊等特点来进行综合诊断。

## 六、锌缺乏症

锌缺乏症是一种慢性、无热、非炎性疾病。临床上以皮肤角化不全、生长停滞为其特征。

**病因**　造成缺锌的因素是多方面的，包括日粮中锌的绝对不足、钙和其他元素对锌的颉颃作用、植酸盐过多及遗传因素等。家畜对锌的需要量，一般认为干饲料中锌为 40 毫克/千克，生长期的幼畜和种公畜则需 60～80 毫克/千克。与锌发生颉颃作用的元素有钙、碘、铜、镉、锰、钼等。如果这些元素在日粮中含量增高，特别是钙含量超过 0.5％～1.5％时，就会降低锌的吸收，或与锌通过吸收结合点的竞争而干扰锌的吸收，致使日粮中原来够用的锌变成不够用，结果引起锌缺乏症似乎更为常见。

**发病机制**　锌是脱氧核糖核酸聚合酶、胸腺嘧啶核苷激酶、羟基肽酶、碳酸酐酶、碱性磷酸酶、乳酸脱氢酶等 100 多种重要酶的组成成分，参与蛋白质、核糖核酸、脱氧核糖核酸的合成及其他物质的代谢。缺锌时，各种含锌酶的活性降低，胱氨酸、蛋氨酸、亮氨酸及赖氨酸的代谢紊乱，谷胱甘肽、脱氧核糖核酸和核糖核酸的合成量减少，结缔组织蛋白的合成也受干扰，而核糖核酸是细胞质、核仁及细胞核染色质的重要成分。因此，锌缺乏可使细胞分裂、生长和再生受阻，导致生长期动物生长发育停滞，猪增重缓慢，成畜消瘦；角蛋白合成减少，则表皮角化障碍，从而导致皮肤角化不全；胶原蛋白减少，则细胞贮水机制发生障碍；细胞结合水量明显减少，导致皮肤干燥而出现皱纹。

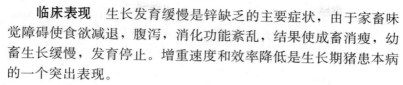

**临床表现**　生长发育缓慢是锌缺乏的主要症状，由于家畜味觉障碍使食欲减退，腹泻，消化功能紊乱，结果使成畜消瘦，幼畜生长缓慢，发育停止。增重速度和效率降低是生长期猪患本病的一个突出表现。

皮肤角化不全和脱毛是锌缺乏的特征性症状：在猪，首先于腹下部、股内侧出现界限明显的黄豆大乃至蚕豆大红斑，然后发展为小丘疹，外覆鳞屑；接着蔓延至腹部、胸背部、颈部、四肢、耳根、尾部，甚至全身，并互相融合连成一片，变为特征性的角化不全痂。皮肤干燥失去弹性，并出现皱纹或龟裂。痂皮与皮肤粘连而不易脱落，强行剥落时，痂底呈红色，有少量渗出液。痂皮下常继发脓疱。

缺锌公畜表现睾丸萎缩，精子生成停止，第二性征不明显。妊娠母猪喂缺锌饲料，哪怕是短期，也会引起新生仔猪严重的先天性畸形。

**诊断**　根据特征性临床表现和病史，结合分析血清锌、毛锌和碱性磷酸酶含量，锌缺乏症的诊断易于建立。但应注意与以下疾病鉴别。

（1）疥螨病　有奇痒，皮肤刮取物镜检能发现疥螨，用DDT 等杀虫剂有特效。

（2）渗出性皮炎　发生于未断乳仔猪，为湿润的脱鳞屑皮炎，死亡率高；而锌缺乏症为角质不全，皮肤干燥易碎。

（3）烟酸缺乏症　除长期大量单用玉米喂猪外，罕见发生，病猪症状与本病十分类似，可调查饲料中烟酸含量以鉴别，或根据补喂烟酸的效果来区分。

## 七、猪塞内卡病毒病

由塞内卡病毒（Seneca virus A，SVA）感染引起的。塞内卡病毒属于小 RNA 病毒科塞内卡病毒属，为单股正链 RNA 病毒，基因组约 7.2 kb，编码 4 个结构蛋白和 7 个非结构蛋白。主要感染猪，各生长阶段的猪均易感可引发猪自发性水疱病，临床表现与口蹄疫、猪水疱病、水疱性口炎、猪传染性水疱病相似，但感染发病率较低，临床症状较轻。

**临床表现**　临床表现为采食量下降，鼻镜、蹄冠出现大小不一水囊泡，囊泡破裂后发展成溃疡病变，在感染后 10～15 天形成厚痂。出现于蹄冠部趾间裂和冠状带周围，导致边缘上皮疏松坏死，严重者跛行，站立困难。有些母猪腹部和乳房部出现红色斑点，或伴有发热症状体温可达 41.0 ℃。SVA 在新生仔猪中所致发病率和死亡率很高，特别是 1～4 日龄仔猪，发病率达 70%，死亡率达 15%～30%，在仔猪群中出现临床症状和高死亡率的情况可持续 2～3 周，新生仔猪体态虚弱，嗜睡，不愿吸乳，并出现急性死亡，在蹄掌部可见部分化脓性小疱。

临床上出现水疱为特征的疾病检测时，应将 SVA 与 FMD、SVD、VES 及 VS 做鉴别诊断。目前已经用于诊断 SVA 的实验室方法包括病毒分离、病毒中和、竞争 ELISA、常规 RT－PCR 和实时荧光 RT－PCR 等方法。

由于目前没有疫苗或有效的治疗方法来防治 SVA，因此猪场的饲养管理和生物安全防范至关重要。

# 第三节　猪皮肤病的鉴别诊断

皮肤病可能只牵涉皮肤，也可能是内部疾病引起的皮肤症状。例如，只限于皮肤的疾病有耳坏死、玫瑰糠疹和猪痘。能引起皮肤病变的全身性疾病有猪丹毒、猪瘟、皮炎/肾病综合征。因此，诊断时应详细准确地记录病史，进而进行全面的临床检查（包括动物整体检查和皮肤检查）。皮肤检查应着重确定皮肤的病变性质（原发性或继发性）或皮肤异常类型（水疱或脓疱、水肿或红斑），随后进行鉴别诊断。进而进行实验室（皮肤刮取物检查、培养物检查或活组织检查）确诊后，方可制订治疗方案及预防措施。

## 一、皮肤颜色改变的鉴别

猪皮肤颜色改变与相关疾病有密切关系，每个疾病所表现出来的皮肤变化和发病特点鉴别比较如下（表6-1）。

表6-1　引起皮肤发绀/充血变化的皮肤病、其他相关病的鉴别

| 疾　病 | 发病特点 | 皮肤变化 |
| --- | --- | --- |
| 红斑性皮肤病 | 白猪 | 耳、体侧和腹部皮肤变成红色 |
| 良性围产期发绀 | 围产期母猪，躺在潮湿的地方 | 全身发绀，尤其是在乳房和后躯 |
| 晒伤 | 白猪 | 背部和体侧变红 |
| 一过性红斑 | 炎热的季节，白猪，接触刺激物 | 红斑，尤其是在腹部 |
| 猪皮炎和肾病综合征 | 已断奶猪和大猪，尤其育成猪，与圆环病毒感染有关 | 大面积扁平的环状深红至褐色，尤其是大腿和臀部 |
| 猪应激综合征 | 瘦肉型猪，特别是皮特兰和长白猪 | 在支撑体侧斑状发绀，逐渐融合 |
| 猪丹毒 | 高热，有食欲，病初粪便干燥后期腹泻，全身淋巴结发红肿大、充血。脾脏肿大、充血，呈樱桃红色。慢性病例常见心瓣膜增生 | 背部皮肤有方形或菱形红斑，指压褪色 |
| 仔猪副伤寒 | 2～4月龄，猪群流动性大 | 耳、尾、腹部和末梢发绀 |
| 乳房炎 | 产后母猪 | 乳房变红至紫色 |
| 副猪嗜血杆菌、胸膜肺炎 | 哺乳仔猪和架子猪，与全身疾病和最急性呼吸道疾病有关 | 耳、尾及末梢发绀 |
| 有机磷或氨基甲酸酯中毒 | 任何年龄 | 末端发绀 |

（续）

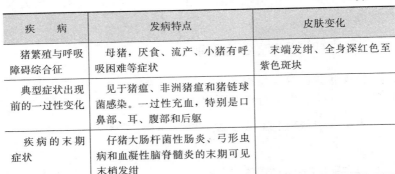

| 疾　　病 | 发病特点 | 皮肤变化 |
|---|---|---|
| 猪繁殖与呼吸障碍综合征 | 母猪，厌食、流产、小猪有呼吸困难等症状 | 末端发绀、全身深红色至紫色斑块 |
| 典型症状出现前的一过性变化 | 见于猪瘟、非洲猪瘟和猪链球菌感染。一过性充血，特别是口鼻部、耳、腹部和后躯 | |
| 疾病的末期症状 | 仔猪大肠杆菌性肠炎、弓形虫病和血凝性脑脊髓炎的末期可见末梢发绀 | |

## 二、体表皮肤异常症状鉴别

猪体表皮肤异常症状包括水肿、脓肿、水疱、红斑、蓝紫斑或出血斑点等，这些症状与相关疾病有密切关系。鉴别比较如下（表6-2）。

表6-2　体表皮肤异常症状鉴别

| 症　　状 | 疾病原因 |
|---|---|
| 眼、脸部肿 | 水肿病，钩端螺旋体病 |
| 耳肿大 | 放线菌感染 |
| 皮肤脓肿 | 坏死杆菌病，链球菌病 |
| 水疱 | 口蹄疫，水疱病，猪痘 |
| 红斑、蓝紫斑或出血斑点 | 急性或亚急性猪瘟，猪弓形虫病，猪肺疫，猪丹毒，仔猪副伤寒，亚硝酸盐中毒等 |
| 局部气肿或水肿 | 恶性水肿，气肿疽 |

## 三、猪口蹄疫与猪水疱病的鉴别

猪口蹄疫与猪水疱病的临床症状极为相似，难以鉴别。所以流行病学、病理变化及实验室分析鉴定等系统地辨别比较尤为重要（表 6-3）。

### 表6-3　猪口蹄疫与猪水疱病的鉴别

| 项　　目 | 口蹄疫 | 水疱病 |
|---|---|---|
| 病原体 | 小核糖核酸病毒科中的口蹄疫病毒 | 小核糖核酸病毒科肠道病毒 |
| 易感动物 | 牛、羊、猪等，人也可感染 | 猪和人易感 |
| 流行形式 | 大流行性，传播速度快 | 流行性，主要发生于猪场 |
| 发病年龄 | 仔猪死亡率高，且比成年猪易感 | 各种年龄品种的猪均易感 |
| 发病季节 | 一年四季均可发生，但多见于冬春季节 | 一年四季均可发生 |
| 死亡率 | 成年猪低，仔猪在 60%以上 | 死亡率低或不死 |
| 口腔水疱 | 很少 | 很少 |
| 蹄部水疱 | 100% | 100% |
| 心脏病变 | 在心内外膜或心肌切面见有灰黄色条纹和斑点样病灶，心肌有变性或有出血斑 | 偶见心内膜有条纹状出血 |
| 骨骼肌病变 | 成年猪在骨骼肌切面见有灰黄色条纹和坏死斑点 | 无变化 |
| 胃肠变化 | 幼龄猪见有胃肠黏膜出血和溃疡 | 无变化 |
| 肺和肾及淋巴结 | 肺充血出血，肾瘀血肿大，淋巴结充血出血 | 无变化 |
| 抗生素治疗 | 无效 | 无效 |
| 绵羊接种试验 | 阳性 | 阴性 |
| 抗酸试验 | 对 pH5.0 敏感 | 对 pH5.0 能耐受 |

# 第七章 猪血液、免疫系统疾病的鉴别诊断

## 第一节 贫血症状的鉴别诊断

### 一、贫血的病因分类

表现贫血综合征的数百种动物群体病，可按其导致贫血的病因及发病机制做如下归类：

**（一）传染性贫血病**

属失血性贫血的，有猪密螺旋体病、各种动物的出血黄疸型钩端螺旋体病等传染性出血病。

属溶血性贫血的，有猪的溶血性链球菌病和葡萄球菌病、出血黄疸型钩端螺旋体病、血巴尔通体病、附红细胞体病、无定形体病等传染性溶血病。

还有再生障碍性贫血的疾病。

传染性贫血病的基本特征包括：①群体发病；②有贫血体征；③有传染性，能水平传播；④通常伴有发热，取急性病程；⑤有特定病原微生物存在；⑥有反应性抗体和/或保护性抗体产生。

**（二）侵袭性贫血病**

属失血性贫血病的，有毛圆线虫病、血矛线虫病、球虫病等胃肠寄生虫病。

属溶血性贫血的，有梨形虫病、锥虫病。

还有再生障碍性贫血的疾病。

侵袭性贫血病的基本特征包括：①群体发病；②表现贫血体征；③无传染性，不水平传播；④通常取急性病程，伴有发热

（血液原虫病）或者取慢性病程，不伴有发热（胃肠寄生虫病）；
⑤有相当数量的寄生虫存在。

### （三）遗传性贫血病

有数十种遗传性疾病表现贫血综合征，其发病原因和发病机制类型如下。

**1. 属失血性贫血的**　有猪遗传性坏血病、血管性假血友病（VWD）、贮藏池病、血小板病、血小板无力症、血小板无力性血小板病、原发性血小板增多症，以及先天性前激肽释放酶缺乏症、先天性纤维蛋白原缺乏症、先天性凝血酶原缺乏症、先天性第Ⅴ因子缺乏症、先天性第Ⅶ因子缺乏症、先天性第Ⅷ因子缺乏症（甲型血友病）、先天性第Ⅸ因子缺乏症（乙型血友病）、先天性第Ⅹ因子缺乏症、先天性第Ⅺ因子缺乏症（丙型血友病）、先天性第Ⅻ因子缺乏症等先天性凝血障碍造成的遗传性出血病。

**2. 属溶血性贫血的**　有各种类型红细胞先天内在缺陷及遗传性铜累积病造成的遗传性溶血病。包括遗传性丙酮酸激酶缺乏症、遗传性磷酸果糖激酶缺乏症、遗传性菌葡萄 6 - 磷酸脱氢酶缺乏症、遗传性谷胱甘肽缺乏症、遗传性谷胱甘肽还原酶缺乏症等红细胞酶病；家族性球红细胞增多症、家族性椭圆形细胞增多症、家族性口形细胞增多症等红细胞形态异常；猪等动物红细胞生成性卟啉病和原卟啉病等先天性卟啉代谢病。

**3. 属营养性贫血的**　有遗传性缺铁性贫血、遗传性铁失利用性贫血、遗传性维生素 $B_{12}$ 缺乏症（遗传性钴胺素吸收不良症），以及遗传性维生素 C 缺乏症（猪遗传性坏血病）等遗传性代谢病。

遗传性贫血病的基本特点包括：①群体发病；②表现贫血体征；③无传染性，同居感染不发病；④家族式分布，即只在一定的家系内垂直传播；⑤有特定的遗传类型；⑥能在染色体特定位点上找到突变的基因。

### （四）中毒性贫血病

有数十种中毒性疾病表现贫血综合征，而且也囊括贫血综合征所有 4 种病因和发病机制类型。

**1. 属失血性贫血的** 有敌鼠钠（warfarin）等抗凝血毒鼠药中毒、蕨类植物中毒（慢性血尿）等中毒性出血病。

**2. 属溶血性贫血的** 有吩噻嗪类中毒、对乙酰氨基酚（退热净）中毒、非那唑吡啶中毒、铜中毒、蛇毒中毒、十字科植物中毒、野洋葱中毒、蓖麻素中毒、黑麦草中毒，以及犊牛水中毒等中毒性溶血病。

**3. 属营养性贫血的** 有铅中毒（影响血红素合成）、钼中毒（诱导铜缺乏症）等。

**4. 属再生障碍性贫血的** 有三氯乙烯豆粕中毒（杜林城病）、蕨类植物中毒，以及马穗状葡萄球菌毒病、梨孢镰刀菌毒病等真菌毒素中毒所造成的中毒性再生障碍病。

中毒性贫血病的基本特征包括：①群体发病；②表现贫血体征；③不能传播，既不水平传播，无传染性，也不垂直传播，非家族式分布；④通常取急性病程，且不伴有发热（一般中毒性贫血病），但真菌毒素病通常为慢性病程而急性发作，且多伴有发热（真菌毒素性贫血病）；⑤有毒物接触史；⑥体内能找到相关的毒物或其降解物。

### （五）营养代谢性贫血病

除铜过多症和低磷酸盐血症导致溶血性贫血者外，多因造血原料或造血辅助成分缺乏而导致营养性贫血。

**1. 致使血红素合成障碍的** 有铁缺乏症、铜缺乏症、钼过多症（诱导铜缺乏），以及吡哆醇（维生素 $B_6$）缺乏症。

**2. 致使球蛋白合成障碍的** 有蛋白质不足和赖氨酸不足。

**3. 致使核酸合成障碍的** 有维生素 $B_{12}$ 缺乏症、钴缺乏症（影响维生素 $B_{12}$ 合成）、叶酸缺乏症和烟酸缺乏症（影响叶酸合成）。

此外，还有机制复杂或不明的泛酸缺乏症（猪正细胞型贫血）、维生素 E 缺乏症及维生素 C 缺乏症（坏血病）。

营养代谢性贫血病的基本特征包括：①群体发病；②表现贫血体征；③不能传播，既不水平传播，无传染性，也不垂直传播，非家族式分布；④取慢性病程，概不发热；⑤有特定营养物不足的检验所见；⑥补给所缺营养物，群体贫血病流行即告平息。

## 二、引起猪贫血症状的疾病鉴别

猪贫血症状的鉴别诊断主要考虑致病因素和伴随症状及发病日龄，引起贫血的疾病鉴别比较如下（表 7-1）。

表 7-1　引起猪贫血的主要疾病鉴别

| 疾病 | 发病日龄 | 伴随症状 | 致病因素 |
|------|---------|---------|---------|
| 胃溃疡 | 架子猪后期和成年猪 | 无食欲，减重，偶尔磨牙，粪便正常或硬、色深和焦油样色深，黑粪 | 饲料过细、维生素 E 缺乏 |
| 铁缺乏 | 哺乳仔猪、保育舍的猪 | 增长率下降，被毛粗 | 断奶前未能注射足量铁制剂 |
| 疥螨 | 保育舍的猪至成年猪，日龄小的猪贫血更严重 | 瘙痒和擦墙，被毛粗，皮肤角化 | 疥螨控制程序不利 |
| 猪鞭虫 | 常见于 2～6 月龄猪 | 厌食，带黏液的稀便，减重 | 寄生虫控制程序不力，大肠病变，对治疗的反应效果好 |
| 出血性回肠炎 | 常见于日龄较小成猪 | 肛门出血、体况一般正常 | 常见于有与其他弯杆菌有关的肠道疾病的猪群 |
| 增生性肠炎 | 保育舍的猪至成年猪，特别是 2～5 月龄的猪 | 不同程度的减重，厌食，黑色焦油样粪便至血样粪便 | 常见于有与其他弯杆菌有关的肠道疾病的猪群 |

（续）

| 疾病 | 发病日龄 | 伴随症状 | 致病因素 |
|---|---|---|---|
| 附红细胞体病 | 哺乳仔猪、保育舍的猪至成年猪 | 嗜睡，生长减慢，偶见黄疸，母猪急性发作，乳房和外阴水肿 | 疥螨和虱的控制程序不力 |
| 黄曲霉毒素中毒 | 所有年龄，日龄小的猪较严重 | 沉郁，厌食，腹水，肝酶升高，偶见黄疸 | 饲料发霉，常见于潮湿的季节收获或储存的谷物 |
| 单端孢霉烯酮中毒 | 所有年龄，日龄小的猪较严重 | 胃肠炎 | 饲料发霉，常见于潮湿的季节收获或储存的谷物 |
| 玉米赤霉烯酮中毒 | 所有年龄，日龄小的猪较严重 | 初情期前母猪外阴和乳腺肿大 | 饲料发霉，常见于潮湿的季节收获或储存的谷物 |
| 苄丙酮香豆素中毒 | 任何年龄 | 跛行，步态僵硬，嗜睡，深色焦油样粪便 | 接触灭鼠剂 |
| 脐带出血 | 出生后不久的仔猪 | 脐带肿大，漏血 | |

# 第二节　出血症状的鉴别诊断

动物机体具有复杂而完备的止血机制，包括血管机制、血小板机制、血液凝固机制和抗凝纤溶机制。其中任何一种止血机制发生障碍，都会导致出血性素质，而后表现自发性出血和创伤后流血不止，发生出血性疾病。

出血性素质，不是独立的疾病，而是许多不同原因引起和各种不同疾病伴有的一种临床综合征。动物群体发生的，以止血障碍为基本病理过程，以出血性素质为主要临床表现的疾病，统称动物群体性出血病。

## 一、猪群出血病归类诊断思路

　　猪群发生出血性疾病时，看其病程是急性还是慢性，急性且不发热一般考虑由中毒病引起，慢性且不发热主要考虑营养代谢病和遗传性疾病。急性且发热主要考虑传染病，慢性且发热主要考虑霉菌毒素引起的。下面是这一症状诊断思路（图7-1）。

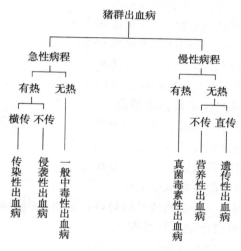

图7-1　猪群出血病归类诊断思路

## 二、病因病性论证诊断

### （一）传染性出血病认定要点

（1）有对应的临床表现（出血体征等）；

（2）有对应的病理改变（出血病变等）；

（3）有对应的检验所见（出血相等）；

（4）有传染性，同窝感染，水平传播；

（5）找到病原微生物，动物回归发病。

### (二) 侵袭性出血病认定要点

（1）有对应的临床表现（出血体征等）；

（2）有对应的病理改变（出血病变等）；

（3）有对应的检验所见（出血相等）；

（4）有对应的大量寄生原虫；

（5）抗原虫防治效果良好。

### (三) 遗传性出血病认定要点

（1）有对应的临床表现（出血体征等）；

（2）有对应的病理改变（出血病变等）；

（3）有对应的检验所见（出血相等）；

（4）家族式分布，特定的遗传类型；

（5）染色体上能找到突变的基因位点。

### (四) 中毒性出血病认定要点

（1）有对应的临床表现（出血体征等）；

（2）有对应的病理改变（出血病变等）；

（3）有对应的检验所见（出血相等）；

（4）有对应的毒物接触史；

（5）找到相应的毒物或其降解物，动物发病试验成功。

### (五) 营养性出血病认定要点

（1）有对应的临床表现（出血体征等）；

（2）有对应的病理改变（出血病变等）；

（3）有对应的检验所见（出血相等）；

（4）体内外环境某止血相关营养物短缺；

（5）补给所缺营养物，群体出血病流行即告平息。

# 第三节　黄疸症状的鉴别诊断

黄疸（jaundice，icterus），指血液内胆红素浓度（正常为1～8毫克/升）因胆色素代谢紊乱而增高（＞20毫克/升）所表现的巩膜、黏膜及皮肤黄染。黄疸不是独立的疾病，而是伴随或显现于上百种疾病经过中的一种十分常见的综合征。猪发生黄疸是常见的病症。

血液内胆红素已增高而临床上尚未显现黄染体征的，称为隐性黄疸。其显现于传染病、侵袭病、遗传病、中毒病、代谢病等群体性疾病经过中的黄疸综合征，特称群体黄疸病，在兽医临床上具有特别重要的意义。

## 一、黄疸的分类

猪发生黄疸主要有溶血性、肝源性、胆管阻塞性 3 种类型，其发病机制不同。现将各种病因归纳如下（表 7-2）。

表 7-2　黄疸类型及病因

| 类型 | 发生机制 | 病　因 |
|---|---|---|
| 溶血性黄疸 | 溶血，胆红素生成过多 | 传染病：附红细胞体感染，溶血性链球菌感染 |
| | | 寄生虫病：弓形虫病，血液原虫病 |
| | | 营养代谢病：仔猪缺铁性贫血 |
| | | 中毒病：铜中毒，饲料中毒，药物中毒 |
| 肝源性黄疸 | 肝脏代谢和排泄胆红素障碍 | 传染病：肝硬化，肝变性 |
| | | 寄生虫病：蛔虫病，肝片吸虫病 |
| | | 中毒病：呋喃唑酮中毒，酒糟饲料中毒，霉败饲料中毒 |
| 阻塞性黄疸 | 胆管阻塞，胆汁排泄障碍 | 胆积石，胆管炎，肝片吸虫病，胆道蛔虫病 |

## （一）溶血性黄疸疾病鉴别诊断

见表 7-3。

表7-3  溶血性黄疸疾病鉴别诊断

| 发热体征 | 传播方式 | 流行调查 | 病　因 |
|---|---|---|---|
| 发热 | 水平传播 | 有传染性 | 传染病溶血性黄疸 |
| | 不能传播 | 无传染性 | 侵袭病溶血性黄疸 |
| 无热 | 垂直传播 | 家族分布 | 遗传病溶血性黄疸 |
| | 不能传播 | 检出毒物 | 中毒病溶血性黄疸 |
| | | 未检出毒物 | 代谢病溶血性黄疸 |

## （二）肝源性黄疸疾病鉴别诊断

见表7-4。

表7-4  肝源性黄疸疾病鉴别诊断

| 发热体征 | 流行调查 | 病　因 |
|---|---|---|
| 发热 | 有传染性 | 传染病肝性黄疸 |
| | 无传染性 | 侵袭病肝性黄疸 |
| 无热 | 垂直传播、家族分布 | 遗传病肝性黄疸 |
| | 不能传播 | 中毒病肝性黄疸 |

## （三）阻塞性黄疸疾病鉴别诊断

见表7-5。

表7-5  阻塞性黄疸疾病鉴别诊断

| 流行调查 | 病　因 |
|---|---|
| 垂直传播、家族分布 | 先天性胆管狭窄、闭锁 |
| 不能传播、查有虫体 | 吸虫性胆管阻塞 |
| | 蛔虫性胆管阻塞 |

# 二、黄疸症状的鉴别诊断思路

黄疸症状的鉴别诊断主要考虑传播特点与疾病特点相辅。在此对猪群发生黄疸症状的鉴别诊断思路介绍如下（图 7 - 2）。

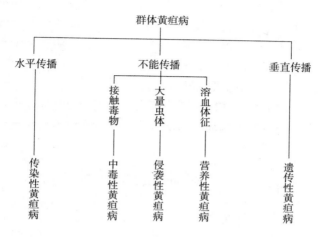

图 7 - 2 黄疸症状的鉴别诊断

临床上遇到显现黄疸体征的病畜时，应首先弄清黄疸的病理类型，确定是溶血性黄疸、肝源性黄疸还是阻塞性黄疸；然后弄清黄疸的具体病因，确定原发病。

**（一）确定黄疸的病理类型**

黄疸病理类型的确定，主要依据于黄疸病畜各自的临床表现和胆色素过筛检验改变。

在临床检查时，应特别注意观察可视黏膜、尿液和粪便的色泽，以及腹痛、腹水、肝肿大、脾肿大等溶血体征、肝病体征和胆道阻塞体征。

**（二）确定黄疸的病因类型**

黄疸病理类型确定以后，应进一步确定该病理类型黄疸的病因类别。属溶血性黄疸的，应弄清是传染病溶血性黄疸、侵袭病溶血性黄疸、中毒病溶血性黄疸、遗传病溶血性黄疸、代谢病溶血性黄疸，还是免疫病溶血性黄疸；属肝源性黄疸的，应进一步弄清是传染病肝性黄疸、侵袭病肝性黄疸、中毒病肝性黄疸，还是遗传病肝性黄疸；属阻塞性黄疸的，应进一步弄清是胆结石、蛔虫等所致的胆管内阻塞，还是胆管炎、胆管癌、胆管狭窄、先天性胆管闭锁、乏特氏壶腹溃疡、俄狄氏括约肌痉挛等所致的胆管壁阻塞，还是胰腺癌、肝癌、慢性胰腺炎、总胆管周围有粘连物等邻近器官疾病所致的胆管外阻塞。

### （三）确定黄疸的原发病

黄疸病理类型和病因类别确定之后，应弄清其原发病，依据具体原发病各自的示病症状、证病病变和特殊检验所见进行论证诊断，最后加以确认。

# 第四节　败血症的鉴别诊断

## 一、败血症的分类

败血症是指病原体（包括细菌、病毒、原虫等）侵入机体后，当机体抵抗力降低，不能抑制或清除入侵的病原体使其在体内大量繁殖增生和产生毒素，并迅速突破机体的防御机构而进入血液，造成机体严重的全身性中毒症状与产生一系列病理变化的病理过程。败血症的过程中常伴有菌血症、病毒血症、虫血症或毒血症。

**1. 菌血症**　是指在病畜的循环血液内出现病原菌。病原体不断从感染灶或创伤病灶进入血液，当机体抵抗力较强时，出现于血液内的细菌能被网状内皮细胞不断吞噬，因此细菌不能在血液中大量存在，临床上也不出现明显症状的病理过程。此时，检测动物的外周血吞噬细胞增多、功能加强。一些传染病的初期，多半有菌血症。一旦机体抵抗力下降，大量增生繁殖并产生毒素的细菌侵入血液，即发生败血症。所以菌血症和败血症既有区别，又有联系。

**2. 病毒血症**　是指血液内出现病毒粒子。它也可能是败血症的一个症候，也可能出现在非败血症的过程中，甚至在病程中会出现两次病毒血症而不出现败血症。

**3. 毒血症** 是指病原微生物侵入机体后在局部增殖，并不断产生毒素（特别是外毒素）和形成大量组织崩解产物，两者均被吸收入血液，而导致机体出现中毒性病理变化的过程。在败血症时，常有毒血症病变。

另外，一些非败血症性毒性物质在机体血液内蓄积引起的毒血症，主要与误食有毒食物，或因机体代谢紊乱，肝、肾功能障碍，有毒代谢产物在体内蓄积有关。

**4. 虫血症** 是指寄生性原虫侵入患畜血液的现象。例如，梨形虫、弓浆虫等在病畜体内大量繁殖侵入血液，常引起动物明显的败血症症状。

## 二、败血症的发病原因及类型

败血症的发生主要是由于病原体感染，而病原体感染有非传染性和传染性两种形式，一般病原体总是首先感染机体的某一易感部位，并引起局部炎症，此称为原发感染灶。只有当病原体突破机体的防御机构，大量侵入血液才引起败血症。

**1. 非传染性感染**（感染创型）**败血症** 是在局部炎症的基础上，病原体全身化而引起的败血症。局部创伤未得到合理处置，继发感染了葡萄球菌、链球菌、绿脓杆菌或腐败梭菌等非特异性传染病的病原体（有时也可能感染气肿疽梭菌、坏死杆菌、恶性水肿梭菌等传染性病原菌），在机体抵抗力降低的情况下，病原大量繁殖并侵入血流而引起败血症。它的特点是不传染其他动物。这类败血症多见于动物免疫功能降低、局部病灶得不到及时、正确的处理（如脓肿未及时切开、引流不畅、过度挤压排脓、开放创扩创不彻底等），使细菌容易繁殖并乘虚进入血液。中医学谓之"疔疮走黄""邪毒内陷于正虚"等。发生这类败血症的动物，临床或剖检均可见严重感染的局部创伤病变，感染创周围淋巴管及血管有明显的炎症变化，淋巴径路上的淋巴结有不同程度的肿大和炎症病变。

**2. 传染病性败血症**　是指由一些特异传染性病原体所引起的败血症。例如，某些细菌性传染病（如马、牛、羊的炭疽、巴氏杆菌病和猪丹毒等），经常以败血症的形式表现出来，所以常称之为败血性传染病。这类病原菌在侵入机体之后，往往无局部炎症经过，而是直接表现能超群身性败血症过程。其与各种典型传染病的不同之处，是其经过特别迅速，当机体尚未形成该种传染病的特异性病变时，动物已呈败血症而死亡。

严格来讲，败血症是专门由细菌引起的全身性疾病。但是有一些急性病毒性传染病（如猪瘟），以及少数原虫性疾病（如原虫病和弓形虫病等），由于它们的表现形式也具有一般败血症的共同特点，所以临床上也习惯地把它们归属于败血性疾病一类。

此外，一些慢性细菌性传染病，如鼻疽和结核病，虽然通常以慢性局部性炎症为主要表现形式，但当机体抵抗力降低时，可以引起急性化，病原菌从局部病灶大量进入血液，并在机体全身各个器官内形成大量转移病灶（全身化），这种病理过程的本质也是一种败血症。

### 三、败血症的病理变化

死于败血症的动物，由于机体的防御机构严重破坏，并伴有毒血症，因而常出现严重的全身中毒、缺氧和各组织器官发生严重变性、坏死和炎症（特别是脾脏和全身淋巴结）等病理变化。

**1. 主要病变**

（1）尸体极易腐败　尸僵不全，全身血液凝固不良，常呈紫黑色黏稠状态。大血管膜、心内膜和气管黏膜等，常由于溶血而被血红蛋白染成污红色。

（2）胶样浸润　尸体可视黏膜和皮下组织黄染，在四肢、背腰和腹部皮下及浆膜和黏膜下结缔组织，常呈出血性胶样浸润。

（3）出血斑点　在心包、心外膜、胸膜、腹膜、肠浆膜，以及一些实质器官的被膜上见有散在的出血斑点，在胸腔、腹腔和心包腔内有数量不等的积液，其中常混有纤维素凝块。严重时，可见浆液性纤维素性心包炎、胸膜炎及腹膜炎。

（4）脾脏急性肿大　有时达正常的 2～3 倍，脾表面呈青紫褐色，因脾髓极度软化故有波动感。脾切面隆突，呈紫红色或黑紫色，脾小体和脾小梁不明显，用刀背轻刮切面附有多量黑紫色的血粥样物。有时因脾髓高度软化而从切面自动流出。脾脏肿大特别严重时，往往发生脾破裂而引起急性内出血。脾脏的肿大和软化，一方面是由于脾髓的轻度增生，但更主要的是由于脾小梁和被膜内的平滑肌发生变性，收缩力减退，因而脾脏呈现高度瘀血。脾脏的这种变化，通常称之为急性炎性脾肿。败血症时脾脏的显微镜下变化是：脾静脉窦高度充血和出血，有时脾组织呈一片血海，脾髓组织被血液压挤而呈稀疏散在的岛屿状，在破坏的脾髓组织内有大量白细胞浸润和网状内皮细胞增生，脾小体（白髓）受压挤而萎缩。脾小梁和被膜内的平滑肌变性，常有浆液和白细胞浸润。在脾髓内常发现有病原微生物。

脾脏肿大为败血症最常出现的特征变化，但是在一些经过特别急速的病例（如猪瘟和巴氏杆菌病等）和极度衰弱的病畜，脾脏肿大不显著。

（5）全身淋巴结肿大　呈急性浆液性和出血性淋巴结炎变化。镜检可见淋巴组织呈充血、出血和坏死，窦腔和小梁被渗出的浆液浸润，呈严重的充血和水肿状态，并有多量白细胞浸润且见有病原微生物。

（6）肺脏瘀血、水肿　有时伴发出血性支气管炎。

（7）实质变性　全身各实质器官呈颗粒变性和脂肪变性。心肌因发生变性而呈淡黄色或灰黄色，心室腔（特别是右心室）显著扩张，心腔内积留多量暗紫色凝固不良的血液，这是患畜发生急性心脏衰弱的表现。肝脏肿大，实质脆弱而呈淡黄红色；切面多血，并呈现槟榔样花纹。肾脏肿大，包膜易剥离，肾表面呈灰黄色。切面皮层增厚，呈淡红黄色，皮层和髓层交界处因严重瘀血而呈紫红褐色。

以上是感染创型败血症和传染病型败血症共有的病理变化特点，尤以传染病型败血症时上述变化表现得尤为突出。

感染型败血症除具有上述变化外，还有原发病灶病变，而且根据原发病灶的部位与病变特点，还可以判断败血症的来源、病原特性以及疾病发生、发展过程。

**2. 原发病灶的病变**

（1）创伤感染性败血症的原发病灶　当动物发生鞍伤、切割伤、烧伤或化脓病灶等时，如果因此而引起败血症，则该病灶即成为创伤性败血症的原发病灶。其病变特点是：除局部呈浆液性化脓性炎或蜂窝织炎外，由于病原微生物沿淋巴管扩散，可见创伤附近的淋巴管和淋巴结发炎。此时，淋巴管肿胀、变粗而呈索状，管壁增厚，管腔狭窄，管腔内积有脓汁或纤维素凝块。淋巴结肿大，呈浆液性或化脓性淋巴结炎。如果病原菌侵入病灶周围的静脉，也可引起血栓性化脓性静脉炎。眼观可见静脉管壁增厚，内膜坏死脱落，管腔内有血凝块或脓汁，如果病原菌经淋巴管和静脉扩散到机体其他器官，形成大小不等的转移性化脓灶时，则称为脓毒败血症。

（2）脐败血症的原发病灶　初生幼畜断脐时，如果消毒不严，可因感染病原微生物而发生败血症。此时，脐带根部发生出血性化脓性炎，并可蔓延到腹膜，引起纤维素性化脓性腹膜炎；如病原体经血液转移到肺脏和四肢关节，则形成化脓性肺炎或化脓性关节炎。

（3）产后败血症的原发病灶　母畜分娩后，由于子宫内膜伴有大面积损伤，同时在子宫内还积留有胎盘碎片和血液凝块，故如果护理不当，感染了化脓菌或坏死杆菌，就容易引起化脓性子宫炎，母畜往往由此发生败血症而死亡。剖检可见子宫肿大，按压有波动感，浆膜混浊无光泽，子宫内蓄积多量污秽不洁的带臭味的脓液。子宫黏膜肿胀、充血、出血和坏死剥脱，于黏膜上形成大片糜烂和溃疡。

## 四、败血症对机体导致的后果和影响

### 1. 后果

（1）死亡 绝大多数发生败血症的动物，都因全身组织器官结构功能严重破坏、物质代谢完全障碍最终呈现败血性休克，并死于多器官功能衰竭。

（2）治愈 当病畜能得到早期确诊，及时合理用药控制病原及改善机体功能、代谢状态，以速控制病情的发展，则可能治愈。

### 2. 对机体的影响

传染病型败血症常造成动物集群死亡，给畜牧经济带来严重损失。而治愈的动物有时也会存在一定的机能障碍，例如，鸡禽流感治愈后，有的病鸡输卵管出现严重萎缩，导致产蛋机能下降，甚至终生不能产蛋，从而影响畜牧业的经济效益。因此，对于传染病型败血症，应进行预防，针对饲养畜群采取严格的免疫程序和有效的疫苗接种，以防止传染病的发生。而对感染创型败血症的防治，关键是早期发现原发病灶并及时给予有效的治疗，阻止局部病灶发生感染。

# 第八章　猪中毒性疾病的
# 鉴别诊断

因中毒性疾病几乎能引起猪的所有系统或多或少的症状，同时也能引起猪的所有组织和器官的病理变化，因其特殊性，所以单独列出一章内容进行论述。中毒性疾病的鉴别诊断见于前面各个章节，本章只论述中毒的特点及猪常见的中毒性疾病。

## 第一节　中毒的病因与诊断

### 一、毒物与中毒

#### （一）毒物

在一定条件下，一定量的某种物质进入机体后，由于其本身的固有特性，在组织器官内发生化学或物理化学的作用，从而破坏机体的正常生理功能，引起机体的机能性或器质性病理变化，表现出相应的临床症状，甚至导致机体死亡，这种物质称为毒物。某种物质是否有毒主要取决于动物接受这种物质的剂量、途径、次数及动物的种类和敏感性等因素，因此，所谓的"毒物"是相对的，而不是绝对的。

#### （二）毒物的分类

根据毒物的来源，可分为内源性毒物和外源性毒物。前者主要是机体内的代谢产物，通过自体解毒和排泄作用，一般不引起明显病理变化。而后者，可能促进内源性毒物的形成，导致自体中毒的病理过程。在临床兽医实践中，外源性毒物对于家畜中毒的发生具有特别重要的意义，主要有饲料毒物、植物毒素、霉菌毒素、细菌毒素、农药、药物与饲料添加剂、环境污染毒物、动物毒素、有毒气体、辐射物质及军用毒素等。

**（三）中毒**

中毒是由毒物引起的相应病理过程。由毒物引起的疾病称为中毒病。

毒性反应用动物的致死数量或某种病理性变化来表示。常用的方式有：一般毒性（急性、亚急性、慢性）和特殊毒性（致突变、致癌、致畸、致敏、免疫抑制等）。

## 二、中毒的常见病因

可大体划分为自然条件下中毒和人为中毒。

**1. 自然因素** 包括有毒矿物、有毒植物和有毒昆虫引起的动物中毒病。有毒矿物（包括工业污染）。井水含有过量的硝酸盐可引起动物致死性中毒。土壤中存在对家畜无法利用的矿物有时被植物吸收并蓄积，如"蓄硒植物"可引起多种类型的硒中毒。

**2. 人为因素** 根据毒物的来源划分为工业污染、农药、房舍和农场使用的其他物质、不适当的使用药物或饲料添加剂，以及劣质饲料和饮水。

（1）工业污染 在工业生产发达的地区，其附近的水源和牧草最容易被工厂排出物所污染。如砷、铅、汞、氟、钼等工业污染物常引起人畜中毒。

（2）农药 农药的种类繁多，应用非常广泛，常因污染饮水或饲料而引起动物中毒。近年来，一些剧毒农药逐渐被安全的化合物所取代，如杀虫剂对硫磷被低毒性的马拉硫磷和乐果所取代，杀鼠剂磷化锌被灭鼠灵所取代。然而由于溶剂使用不当、容器的处理不当或污染饲草等，致使畜禽发生中毒性疾病。

（3）药物 大多数药物是选择性毒物，如果给予的量太大、太快或太频繁，就会发生毒性反应。

（4）饲料添加剂 饲料添加剂的种类迅速增加，若不按规定使用，用量过大或应用时间过长，或混合不当等，对动物可能引起某些毒副作用，甚至导致动物大批死亡。

（5）饲料和饮水　饲料中毒大多数是由于不适当的收获或贮藏所引起，工矿排出的废物对水体的污染是家畜中毒的常见原因，某些地区井水中富含硝酸盐和氟，亦可引起家畜的中毒。

（6）霉菌毒素　有些霉菌在寄生过程中可产生毒性很强的代谢产物，引起人畜中毒。

（7）恶意投毒　恶意投毒引起家畜中毒的事件并不常见，但必须加强安全措施，严厉制止任何破坏事故。

## 三、毒理作用

毒物的毒理作用和药物的药效作用是一致的。毒物进入动物机体后，通过吸收、分布、代谢和排泄等转运过程，损害机体的组织和生理机能，发生中毒现象。因此，必须依据病理解剖学和毒理学的方法，观察其病理变化和性质，进一步说明临床病征。中毒学的毒理机制可以从以下几个方面进行分析和论述。

**1. 局部的刺激作用和腐蚀作用**　这主要是毒物的直接损害作用，如酸、碱和矿物质，可直接腐蚀和刺激皮肤或黏膜。有些毒物在吸收过程或进入血液后，引起化学反应，导致机体生理功能的紊乱。

**2. 阻止氧的吸收、转运和利用**　如尿素、甘薯黑斑病毒素能破坏呼吸机能，抑制、麻痹呼吸中枢而导致缺氧；一氧化碳与血红蛋白结合，阻止氧的运输，引起机体缺氧；亚硝酸根可使血红蛋白携氧功能发生障碍而导致缺氧；光气、双光气比空气的比重大，吸入后迅速地与许多酶结合，干扰细胞的代谢，造成肺水肿，阻止肺泡内的气体交换，引起窒息。

**3. 抑制酶活性**　毒物可通过多种途径影响或抑制酶活性。毒物与酶的活性中心的金属离子结合。如氰离子能与细胞色素氧化酶的 $Fe^{3+}$ 结合，从而抑制细胞色素氧化酶的活性，引起细胞窒息。

（1）**毒物抑制辅酶的作用**　如铅中毒时，机体内的烟酸消耗量增加，结合辅酶Ⅰ（CoⅠ）和辅酶Ⅱ（CoⅡ）都减少，抑制了脱氢酶的作用。

（2）**毒物与酶的激活剂作用**　如氟离子与磷酸葡萄糖变位酶的激活剂——$Mg^{2+}$结合成复合物，因而磷酸葡萄糖变位酶的活性受到抑制，影响肝糖原的生成和分解作用。

（3）**毒物与基质竞争同一种酶**　如丙二酸与琥珀酸竞争，抑制三羧酸循环中琥珀酸脱氢酶，从而抑制了琥珀酸的正常氧化。

（4）**毒物同基质直接作用**　如氟乙酸与三羧酸循环中的草酰乙酸生成氟柠檬酸，进而抑制三羧酸循环中顺乌头酸酶的活性，使三羧酸循环中断。

（5）**直接抑制酶的活性**　如有机磷化合物可直接与胆碱酯酶结合，抑制其分解乙酰胆碱的活性，使乙酰胆碱过量蓄积，引起以乙酰胆碱为传导介质的神经处于兴奋状态。毒物对酶的抑制有特异性的和非特异性的，如巯基是蛋白的活性基团，不少毒物可与巯基相结合，这种作用是非特异性的。很显然，一种毒物在不同的条件下，会受到不同酶的作用。

**4. 对亚细胞结构的作用**　如四氯化碳直接破坏线粒体的结构，使谷丙转氨酶（GPT）释放到血液中。急性四氯化碳中毒时，血清谷丙转氨酶可增加到几千单位。又如野百合碱能干扰细胞的有丝分裂，引起肝功能障碍，发生腹水，影响铜代谢等。

**5. 通过竞争颉颃作用**　如一氧化碳可与氧竞争血红蛋白而形成碳氧血红蛋白；草木樨中毒时，由于双香豆素与维生素K的结构相似，可与维生素K发生颉颃而导致维生素K缺乏性血凝障碍、出血等。

**6. 破坏遗传信息**　某些毒物能作用于染色体或DNA分子，引起生殖细胞或体细胞遗传功能的突变，导致肿瘤的发生或影响胎儿的形成、发育，甚至引起死胎或胎儿畸形（先天性遗传缺陷）。如天然物质蕨毒素、苏铁素、双稠吡咯啶生物碱、黄曲霉毒素等，人工合成化合物多环芳烃类、烷化剂类、芳香胺类、N-亚硝基化合物、多氯联苯、卤代烃类等。

**7. 影响免疫功能**　有些毒物可使机体免疫反应过程中的某一个或多个环节发生障碍，在不同程度上降低或抑制机体的某些免疫功能。

**8. 发挥致敏作用**　某些物质作用于机体后，使机体产生特异性免疫反应，当再次接触同样物质时，则出现反应性增高的现象，发生过敏反应或变态反应，造成组织损伤并出现某些临床症状。如大部分环境化学物和某些药物，具有半抗原性质，可与体内蛋白质共价结合，形成不易解离的大分子复合物并具有完全抗原的性质。此外，荞麦素和金丝桃素等光敏物质进入体内，经日光照射或吸收特定波长的光线时，组织细胞的反应性显著增强，发生光敏感性皮肤疹块和奇痒等症状。

## 四、中毒的诊断

动物中毒病的快速、准确诊断是研究畜禽中毒病的重要内容，一旦做出诊断就能进行必要的治疗和预防；在未确诊之前，对病畜只能进行对症治疗。中毒的准确诊断主要依据病史、症状、病理变化、动物试验和毒物检验等进行综合分析。

### （一）病史调查

调查中毒的有关环境条件，详细询问病畜接触毒物的可能性，如灭鼠剂、杀虫剂、饲料添加剂产品及其他化学药剂等，接触该种毒物的可能数量或程度。饲料和饮水是否含有毒植物、霉菌或其他毒物。涉及大群畜禽时，则应注意发病数、死亡数（最后一头动物死亡的时间）、中毒过程、管理情况、饲喂程序和免疫记录等。与诊断有关的其他项目，如采食最后一批饲料的持续时间，用过的药物和效果及驱除寄生虫的情况等。饲料中毒常发生在同一畜群或同一污染区内，其中采食量大、采食时间长的幼畜和母畜，或成年体壮的家畜首先发生中毒，且临床症状表现严重。根据病程的发展速度又可把中毒分为急性型、亚急性型和慢性型。

## （二）临床症状

观察临床症状要特别仔细，轻微的临床表现，可能就是中毒的特征。由于所有毒物都可能对机体各系统产生影响，但临床症状的观察和收集非常有限，临床兽医师看到中毒动物时，只能观察到某个阶段的症状，不可能看到全部发展过程的临床症状及其表现；同一毒物所引起的症状，在不同的个体有很大差别，每个猪场不是各种症状都能表现出来，因而症状仅作诊断的参考依据。特殊症状出现顺序和症状的严重性，可能是诊断的关键，故症状对中毒的诊断，又是不容忽视的。除急性中毒的初期有狂躁不安和继发感染时有体温变化之外，一般体温不高。有的中毒病可表现出特有的示病症状，常作为鉴别诊断时的主要指标。如亚硝酸盐中毒时，表现可视黏膜发绀，血液颜色暗黑；氢氰酸中毒者则血液呈鲜红色，呼出气体及胃肠内容物有苦杏仁味；草木樨中毒病例具有血凝缓慢和出血特征；光敏因子中毒时，患畜的无色素皮肤在阳光的照射下发生过敏性疹块和瘙痒；黑斑病甘薯中毒时，患畜表现喘气、发吭；有机磷农药中毒时表现大量流涎、腹泻、瞳孔缩小、肌肉颤抖等临床特征。

## （三）病理变化

尸体剖检常能为中毒的诊断提供有价值的依据。一些毒物可产生广泛的损害，或仅仅产生轻微的组织学变化，但有的没有形态变化，这些在中毒诊断上常常同样重要。如皮肤、天然孔和可视黏膜，可能有一种特殊颜色变化，例如，亚硝酸盐或氯酸盐中毒引起高铁血红蛋白症则可能显现棕褐色。

剖开腹腔时应注意特殊气味，如氰化物中毒的苦杏仁气味，当胃被打开时可能更为明显，又如有机磷中毒的大蒜气味和酚中毒的石炭酸味等。胃内容物的性质对中毒的诊断有重要意义，仔细检查有助于识别或查出有毒物的痕迹。三氧化二砷的灰白色微粒或油漆片等均可能成为诊断的依据。胃内容物的颜色可能是特殊的，铜盐显淡蓝绿色，铬酸盐化合物显黄色到橙黄或绿色；苦味酸和硝酸显黄色，而腐蚀性酸（如硫酸）能使胃内容物变成黑色等。

急性中毒最常见的是胃肠道炎症，极重的病例可见胃肠道被腐蚀。砷中毒突然死亡常伴发胃肠炎。

肝、肾的损害常为毒物作用的结果，例如，肝损害可在锑、砷、硼酸、铁、铝、磷、硒、铊、氯仿及同源的化合物、单宁酸、含氯萘（萘的氯化物）、煤焦油、沥青、棉籽中毒时见到。每当刺激毒物被吸收和从尿中排除时则发生肾脏损害，也见于食盐中毒及磺胺类药物疗法之后。

### （四）毒物分析

某些毒物分析方法简便、迅速、可靠，现场就可以进行，对中毒性疾病的治疗和预防具有现实的指导意义。毒物分析的价值有一定的限度，在进行诊断时，只有把毒物分析和临床表现、尸体剖检等结合起来综合分析才能做出准确的诊断。对毒物分析结果的解释必须考虑到与本病有关的其他证据。

### （五）治疗性诊断

畜禽中毒性疾病发病急剧，发展迅速，在临床实践中不可能允许对上述各项方法全面采用，可根据临床经验和可疑毒物的特性进行试验性治疗，通过治疗效果进行诊断和验证诊断。

# 第二节 猪常见的中毒性疾病

## 一、霉菌毒素中毒

霉菌在自然界中分布极广，种类繁多。目前有记载的约达35 000 种以上。其中绝大多数是非致病性霉菌，有些已被用于酿造业、制药工业等。只有少数霉菌在基质（饲料）上生长繁殖过程中产生有毒代谢产物或次生代谢产物，称为霉菌毒素。霉菌毒素对畜禽或人都具有致病性，由此而引起的中毒性疾病称为霉菌毒素中毒病。

霉菌产生毒素的先决条件是霉菌污染基质并在其上生长繁殖，其他主要条件是基质（指谷类、食品、饲料等有机质）的种类、水分、相对湿度、温度及空气流通（供氧）情况等。在产毒能力上还有可变性与易变性及不具有严格专一性问题。其可变性与易变性系指同种的产毒菌株，在经过继代培养后，完全丧失产毒能力，见于三隔镰刀菌；而非产毒菌株，在人工培养条件下可呈现产毒能力，如从黄变米中分离出的几种青霉（如岛青霉和黄绿青霉等）。不具有严格的专一性，则表现在一个菌种或菌株可以产生几种不同的毒素，如岛青霉就可产生岛青霉毒素、黄天精和环绿素等；而同一种霉菌毒素也可能由几种霉菌或菌株产生，如黄曲霉毒素可由黄曲霉、寄生曲霉、温特曲霉和软毛青霉等所产生。霉菌毒素是指产毒霉菌在基质上生长繁殖过程中的代谢产物，也包括某些霉菌使基质成分发霉变质而形成的有毒化学物质。所以霉菌毒素主要是指霉菌在其污染基质的过程中产生的有毒代谢产物。已知的霉菌毒素约有 200 种。

下面主要介绍黄曲霉毒素中毒病和赤霉菌毒素中毒病。

## （一）黄曲霉毒素中毒

黄曲霉毒素中毒是人畜共患且有严重危害性的一种霉败饲料中毒病。该毒素主要引起肝细胞变性、坏死、出血、胆管和肝细胞增生。临床上以全身出血、消化机能紊乱、腹水、神经症状等为特征。我国长江沿岸及其以南地区的饲料污染黄曲霉毒素较为严重，而华北、东北及西北地区的饲料污染黄曲霉毒素则相对较少。各种畜禽均可发生本病，但由于性别、年龄及营养状况的不同，其敏感性也有差别。一般地说，幼年动物比成年动物敏感，雄性动物比雌性动物（怀孕期除外）敏感。

**病因**　黄曲霉毒素主要是黄曲霉和寄生曲霉等产生的有毒代谢产物。黄曲霉毒素并不是单一物质，而是一类结构极相似的化合物。它们在紫外线照射下都发荧光，根据它们产生的荧光颜色可分为两大类，发出蓝紫色荧光的称 B 族毒素，发出黄绿色荧光的称 G 族毒素。目前已发现黄曲霉毒素及其衍生物有 20 余种，其中除 AFTB1、B2 和 AFTG1、G2 为天然产生的以外，其余的均为它们的衍生物。黄曲霉和寄生曲霉等广泛存在于自然界中，菌株的产毒最适条件是基质水分在 16% 以上，相对湿度在 80% 以上，温度在 24～30℃。主要污染玉米、花生、豆类、棉籽、麦类、大米、秸秆及其副产品酒糟、油粕、酱油渣等。畜禽黄曲霉毒素中毒的原因多是采食上述产毒霉菌污染的花生、玉米、豆类、麦类及其副产品所致。

**发病机制** 黄曲霉毒素随被污染的饲料经胃肠道吸收后，主要分布在肝脏，肝脏含量可比其他组织器官高 5～10 倍，血液中含量极微，肌肉中一般不能检出。摄入毒素后，约经 7 天，绝大部分随呼吸、尿液、粪便及乳汁排出体外。黄曲霉毒素及其代谢产物在动物体内残留，对食品卫生具有实际意义。

**症状** 黄曲霉毒素是一类肝毒物质。畜禽中毒后以肝脏损害为主，同时还伴有血管通透性破坏和中枢神经损伤等，因此临床特征性表现为黄疸、出血、水肿和神经症状。由于畜禽的品种、性别、年龄、营养状况及个体耐受性、毒素剂量大小等不同，黄曲霉毒素中毒的程度和临床表现也有显著差异。猪在采食霉败饲料后，中毒可分急性型、亚急性型和慢性型 3 种类型。

（1）急性型 发生于 2～4 月龄的仔猪，尤其是食欲旺盛、体质健壮的猪发病率较高。多数在临床症状出现前突然死亡。

（2）亚急性型 体温升高 1～1.5℃或接近正常，精神沉郁，食欲减退或丧失，口渴，粪便干硬呈球状，表面被覆黏液和血液。可视黏膜苍白，后期黄染。后肢无力，步态不稳，间歇性抽搐。严重者卧地不起，常于 2～3 天内死亡。

（3）慢性型 多发生于育成猪和成年猪，病猪精神沉郁，食欲减少，生长缓慢或停滞，消瘦。可视黏膜黄染，皮肤表面出现紫斑。随着病情的发展，病猪呈现神经症状，如兴奋、不安、痉挛、角弓反张等。

**诊断**　对黄曲霉毒素中毒的诊断，应从病史调查入手，并对饲料样品进行检查，结合临床表现（黄疸、出血、水肿、消化障碍及神经症状）和病理学变化（肝细胞变性、坏死，肝细胞增生，肝癌）等情况，可进行初步诊断。确诊必须对可疑饲料进行产毒霉菌的分离培养，饲料中黄曲霉毒素含量测定。必要时还可进行雏鸭毒性试验。关于黄曲霉毒素的检验方法有生物学方法、免疫学方法和化学方法，后者是常用的实验室分析法。由于化学检测法操作烦琐、费时，在对一般样品进行毒素检测前，可先用直观过筛法（主要用于玉米样品，取可疑玉米放于盘内，摊成一薄层，直接在 360 纳米波长的紫外灯光下观察荧光。如果样品中存在黄曲霉毒素 $B_1$，则可看到蓝紫色荧光），若为阳性再用化学检测法。

### （二）赤霉菌毒素中毒

本病是由于猪食入赤霉病的小麦或玉米所致。发病与流行特点同黄曲霉毒素中毒的情况相似。与黄曲霉毒素中毒不同的是，因为赤霉病的小麦或玉米中存在的是另几种毒素，最常见有下列两种中毒。

**1. F-2**（玉米赤霉烯酮）**毒素中毒**　小母猪呈现发情症状，乳腺增大，阴户肿胀，阴唇哆开，阴道壁垂脱，引起成年母猪不孕，胎儿干尸化，胎儿被吸收和流产；公猪或去势猪可有包皮水肿和乳腺肥大，呈现雌性化。公猪睾丸萎缩和性欲减退。

**2. T-2**（单端孢霉烯族化合物）**毒素中毒**　大多呈现拒食和呕吐，急性的有腹泻等出血性胃肠炎症状；慢性的有生长发育迟缓、消化不良和再生不全性贫血等症状，母猪的受胎率和产率降低，有的发生流产、早产或产死胎。有些病猪伤口流血不止，凝血时间延长。

## 二、硝酸盐和亚硝酸盐中毒

硝酸盐和亚硝酸盐中毒是动物摄入过量含有硝酸盐或亚硝酸盐的植物或水，引起高铁血红蛋白血症；临床上表现为皮肤、黏膜发绀及其他缺氧症状。本病可发生于各种家畜，以猪多见。

**病因**  在自然条件下，亚硝酸盐系硝酸盐在硝化细菌的作用下还原为氨过程的中间产物，故其发生和存在取决于硝酸盐的数量与硝化细菌的活跃程度。家畜饲料中，各种鲜嫩青草、作物秧苗，以及叶菜类等均富含硝酸盐。在重施氮肥或农药的情况下，如大量施用硝酸铵、硝酸钠等盐类，使用除莠剂或植物生长刺激剂后，可使菜叶中的硝酸盐含量增加。硝化细菌广泛分布于自然界，其活性受环境的湿度、温度等条件的直接影响。适宜的生长温度为 20～40℃。在生产实践中，如将幼嫩青饲料堆放过久，特别是经过雨淋或烈日曝晒者，极易产生亚硝酸盐。猪饲料采用文火焖煮或用锅灶余热、余烬使饲料保温，或让煮熟饲料长久焖置锅中，给硝化细菌提供了适宜条件，致使硝酸盐转化为亚硝酸盐。

**发病机制**  硝酸盐对消化道有强烈刺激作用。硝酸盐转化为亚硝酸盐后，对动物的毒性剧增。据测定，硝酸钠对牛的最低致死量为 650～750 毫克/千克，而亚硝酸钠（$NaNO_2$）仅为 150～170 毫克/千克。亚硝酸盐的毒性作用机制包括以下几点。

（1）具有氧化作用  使血中正常的氧合血红蛋白（二价铁血红蛋白）迅速地被氧化成高铁血红蛋白（变性血红蛋白），从而丧失了血红蛋白的正常携氧功能。亚硝酸盐所引起的血红蛋白变化为可逆性反应，正常血液中的辅酶Ⅰ、抗坏血酸及谷胱甘肽等，都可促使高铁血红蛋白还原成正常的低铁血红蛋白，恢复其携氧功能；当少量的亚硝酸盐导致的高铁血红蛋白不多时，机体可自行解毒。但这种解毒能力或对毒物的耐受性，在个体之间有

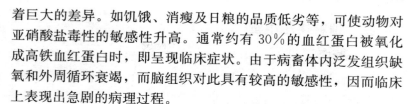

着巨大的差异。如饥饿、消瘦及日粮的品质低劣等，可使动物对亚硝酸盐毒性的敏感性升高。通常约有 30％ 的血红蛋白被氧化成高铁血红蛋白时，即呈现临床症状。由于病畜体内泛发组织缺氧和外周循环衰竭，而脑组织对此具有较高的敏感性，因而临床上表现出急剧的病理过程。

（2）具有血管扩张剂的作用　可使病畜末梢血管扩张，而导致外周循环衰竭。

（3）亚硝酸盐与某些胺形成亚硝胺，具有致癌性，长期接触可能发生肝癌。

**病理变化**　中毒病猪的尸体腹部多较胀满，口鼻呈乌紫色，流出淡红色泡沫状液。眼结膜可能带棕褐色。血液暗褐色如酱油状，凝固不良，暴露在空气中经久仍不变红。各脏器的血管瘀血。胃肠道各部有不同程度的充血、出血，黏膜易脱落，肠系膜淋巴结轻度出血。肝、肾呈暗红色。肺充血，气管和支气管黏膜充血、出血，管腔内充满带红色的泡沫状液。心外膜、心肌有出血斑点。在牛，还伴有胃肠道炎性病变。

**症状**　中毒病猪常在采食后 15 分钟至数小时发病。最急性者可能仅稍显不安，站立不稳，即倒地而死，故有人称为"饱潲瘟"。多发生于精神良好、食欲旺盛、发病急、病程短、救治困难的动物。急性型病例除表现不安外，呈现严重的呼吸困难，脉搏疾速细弱，全身发绀，体温正常或偏低，躯体末梢部位厥冷。耳尖、尾端的血管中血液量少而凝滞，呈黑褐红色。肌肉战栗或衰竭倒地，末期出现强直性痉挛。除呈现如中毒病猪所表现的症状外，尚可能出现有流涎、疝痛、腹泻，甚至呕吐等症状。但仍以呼吸困难，肌肉震颤，步态摇晃，全身痉挛等为主要症状。

**诊断**　根据病史，结合饲料状况和血液缺氧为特征的临床症状，可作为诊断的重要依据。亦可在现场做变性血红蛋白检查和亚硝酸盐简易检验，以确定诊断。

### 三、棉籽饼粕中毒

棉籽饼粕中毒是家畜长期或大量摄入榨油后的棉籽饼粕，引起以出血性胃肠炎、全身水肿、血红蛋白尿和实质器官变性为特征的中毒性疾病。本病多见于猪。

**病因** 棉籽和棉籽饼粕中含有 15 种以上的棉酚类色素，其中主要是棉酚，可分为结合棉酚和游离棉酚两类，棉酚及其衍生物的含量因棉花的栽培环境条件、棉籽贮存期、含油量、蛋白质含量、棉花纤维品质、制油工艺过程等多种因素的变化而不同。

**发病机制** 棉酚对动物的毒性因种类、品种及饲料中蛋白质的水平不同而存在显著差异。

（1）直接损害作用 大量棉酚进入消化道后，可刺激胃肠黏膜，引起胃肠炎。吸收入血后，能损害心、肝、肾等实质器官。因心脏损害而致的心力衰竭又会引起肺水肿和全身缺氧性变化。棉酚能增强血管壁的通透性，促进血浆或血细胞渗入周围组织，使受害的组织发生浆液性浸润和出血性炎症，同时发生体腔积液。棉酚易溶于脂质，能在神经细胞积累而使神经系统的机能发生紊乱。

（2）与体内蛋白质、铁结合 棉酚可与许多功能蛋白质和一些重要的酶结合，使它们失去活性。棉酚与铁离子结合，从而干扰与血红蛋白的合成，引起缺铁性贫血。

（3）影响雄性动物的生殖机能 试验证明，棉酚能破坏动物的睾丸生精上皮，导致精子畸形、死亡，甚至无精子。造成繁殖能力降低或公畜不育。

（4）致维生素 A 缺乏 棉酚能导致维生素 A 缺乏。

**病理变化** 主要表现为实质器官广泛性充血和水肿，全身皮下组织呈浆液性浸润，尤以水肿部位更明显。胃肠道黏膜充血、出血和水肿，甚者肠壁溃烂。

**症状** 棉籽饼粕中毒的临床症状主要表现为生长缓慢、腹痛、厌食、呼吸困难、昏迷、嗜睡、麻痹等。慢性中毒病畜表现消瘦，有慢性胃肠炎和肾炎等，食欲下降，体温一般正常，伴发炎症腹泻时体温稍高。

**诊断**　根据临床症状和棉酚含量测定及动物的敏感性，可以确诊。

## 四、食盐中毒

适量的食盐可增进食欲，助消化，但采食过量或饲喂不当时，尤其是猪极易引起中毒，甚至死亡。钠盐中毒是在动物饮水不足的情况下，过量摄入食盐或含盐饲料而引起以消化紊乱和神经症状为特征的中毒性疾病，主要的病理学变化为嗜酸性粒细胞（嗜伊红细胞）性脑膜炎。各种动物均可发病，主要见于猪。

**病因**　由于采食了含食盐过多的泔水、酱渣、咸鱼渣或日粮内的食盐过多混合不均等，以及误饮了咸菜水、自流井水、油井附近的污染水；另外投服过量硫酸钠、碳酸钠、乳酸钠等钠盐，都可能引起中毒，尤其在饮水不足时。

**病理变化**　急性食盐中毒一般表现为消化道黏膜的充血或炎症，猪仅限于小肠。猪食盐中毒的组织学变化为嗜酸性粒细胞性脑膜脑炎，即脑和脑膜血管周围有嗜酸性粒细胞浸润，血管扩张、充血与透明血栓形成，血管内皮细胞肿胀、增生，核空泡化。血管外周的间隙水肿增宽，有大量的嗜酸性粒细胞浸润，形成明显的"管套"。若已存活 3～4 天的病例，则嗜酸性粒细胞返回血液循环，看不到所谓的"管套"现象，但是仍然可观察到大脑皮层和白质间区形成的空泡。同时肉眼观察，可见脑水肿、软化和坏死病变。

**临床症状**　主要是神经症状：病初精神沉郁，便秘或下痢，继之出现呕吐，兴奋不安，吐白沫，肌肉震颤，口渴，找水喝；严重的视觉和听觉障碍，刺激无反应，四肢痉挛，进一步发展成癫痫样痉挛，最后倒地昏迷，常于 1～3 天死亡。

## 五、酒糟中毒

酒糟是喂猪、牛的好饲料，但是，突然给猪饲喂大量的酒糟，或食入大量腐败变质的酒糟，即可引起中毒。

酒糟中毒后猪大多表现消化不良、顽固性胃肠卡他、孕猪流产率高等症状。但是可因毒性物质不同而表现出不相同的临床症状：酒精中毒急性的表现不安、兴奋、步态不稳易跌倒，湿疹或皮炎，黄疸，个别有血尿。

## 六、口服盐酸左旋咪唑中毒

左旋咪唑是猪的一种驱虫药，使用不当易引起中毒。轻者表现烦躁不安、口渴、易惊、局部或全身颤抖、步态不稳、肠蠕动增强；重者表现口吐白沫、肌肉痉挛、卧地不起、瞳孔缩小、大小便失禁、体温正常或偏低、呼吸迫促、很快死亡。

## 七、铜中毒

在生产实践中，育肥猪每千克日粮中含铜约 200 毫克，可使猪保持良好的生长速度及较高的饲料报酬率。如果每千克日粮中铜的含量长期超过 250 毫克，就会造成铜中毒，若铜含量大于 500 毫克，可致猪死亡。

**病理变化** 全身皮肤黄染，血液稀薄而凝固不良，胸腔、腹腔有黄色液体；肝脏肿大，呈紫褐色，边缘呈黑紫色，肝实质发脆；脾肿大，呈暗紫色；肾呈土黄色；心脏纵沟、冠状沟黄染；胃黏膜充血、出血、脱落；胃肠道严重炎症、溃疡。

**临床症状** 病猪食欲减退甚至废绝，精神委顿，被毛粗乱，头低耳耷，体温正常或偏低，流涎，呕吐，腹泻，粪便呈青绿色，排血尿，皮肤苍白、黄染、角化不全，继而呈现湿疹和血疹，眼睛凹陷，体弱无力，卧地不起。人为刺激时，发生强直性痉挛，角弓反张，两目圆睁，气喘，呼吸困难。

**诊断** 根据喂含铜饲料后发病、临床症状、病理变化，以及可排除赤霉菌毒素中毒，即可确诊。

## 八、感光过敏

感光过敏是由于动物的外周循环中有某种光能剂，经日光照射而发生的一种病理状态。本病以动物皮肤的无色素部分发生红斑和皮炎为特征。感光过敏可分为原发性和继发性两类。西北地区，在夏季因饲喂苜蓿而引起的感光过敏又称为"苜蓿中毒"，因荞麦而引起的称为"荞麦中毒"（或称荞麦疹）。本病多发生在白毛猪。

**病因**

（1）原发性感光过敏 是由于动物摄入外源性光能剂而直接引起的，金丝桃素、荞麦素、氧硫吩噻嗪等均可致病。

（2）继发性感光过敏（肝源性感光过敏） 引起这类感光过敏的物质，几乎全部是叶绿胆紫素，它是叶绿素正常代谢的产物。主要有某些霉菌、有毒植物。

外源性光能剂可经血液循环到达皮肤。当肝功能障碍或胆管闭塞时，叶绿胆紫素便同胆色素一起，进入体循环，被血流带到皮肤。所有光能剂均可经一定波长的光线作用，处于活化状态。在阳光作用下，皮肤的无色素部分的光能剂获得能量，当分子恢复至低能状态时，所释放的能量与皮肤细胞成分发生光化学反应，从而损伤了细胞结构，析出组胺，增大了细胞的通透性，引起组织水肿，局部细胞坏死，进而血管壁破坏，发生组织水肿，皮肤出现斑状疹块，同时发生消化系统及中枢神经系统的障碍。

**症状** 感光过敏的主要表现为皮炎，并且只局限于日光能够照射到的无色素的皮肤。轻症病畜，最初在其皮肤的无毛和无色部分表现充血、肿胀并有痛感。一般在耳、面、眼睑及颈等处发生红斑性疹块。猪可能大面积的发生在背部和颈部，病畜奇痒。此时病畜食欲及粪便没有显著变化，停喂或更换致敏饲料后，发痒缓解，数日后消失。病畜的痒觉，在白天曝晒后加重，晚间减轻。发痒时，边跑边擦痒。与此同时，常伴有口炎、结膜炎、鼻炎、阴道炎等症状。有的出现神经症状：兴奋、痉挛和麻痹。有的呼吸困难，运动失调，后躯麻痹，双目失明。有的猪表现凶暴好斗，最后昏睡。

**诊断**　根据病史及症状可做出诊断。但应同猪的缺锌病——不全角化区别。猪不全角化是由于日粮中缺乏锌而含钙过多引起的。因此可以设想，在锌缺乏的情况下，大量饲喂含钙丰富的苜蓿，即有可能发生不全角化，其主要症状为皮肤发炎、结痂、脱毛、呕吐、下泻、食欲减退、体重减轻、生长停止，重症可发生死亡，并且多发生在8～12周龄仔猪。在日粮中补加硫酸锌可减少本病的发生。

# 第九章　兽医诊断"象、数、理"精密逻辑模型

兽医诊断学是研究检查动物的方法、判断分析的方法论、认识疾病本质的一门学科。诊断是对动物疾病发生矛盾所在的逻辑判断证明。目前在兽医诊断学的教学与实践中，存在学生对诊断的认识模糊、诊断逻辑模型缺乏、主观和无效诊断增多等现象。针对兽医诊断学现状，本章进行理论探索并创建兽医诊断的"象、数、理"矢量逻辑模型体系，即诊断的精密逻辑模型，基本概括了诊断和认识动物疾病发生的所有矛盾状态，使主观认识与客观疾病存在具有一致的逻辑性。其中主要矛盾矢量是诊断疾病的标准逻辑模型，使诊断更精确，有利于认识疾病本质。所建逻辑模型将诊断逻辑判断终极化，有效避免假象的干扰，尤其对实验室诊断的数据做了严格的逻辑规定。

## 第一节　兽医诊断的概念

无论兽医临床诊断还是实验室诊断，所获得的资料与数据必须通过逻辑证明而达到准确判断疾病本质。"逻辑"是精确诊断的唯一通路，在动物疾病诊断过程中，精密逻辑思维不仅决定着对疾病的充分认知与准确诊断，而且也决定着动物疾病防控的有效性和针对性。逻辑思维的培养一直是兽医诊断学课程教学的难点，而且也是兽医诊断学教学的最高境界。

"诊断"与"逻辑"都是外来词汇，"诊断"一词来源于古希腊，有诊和断两层含义，"逻辑"也源于古希腊哲学的理性思维范畴，具有语言逻辑、证明逻辑明、比较逻辑、尺度大小等多种

涵义，可见"诊断"与"逻辑"是密不可分的。西方哲学家康德提出了认识先验论、经验论、超验论三个层次的理性思维逻辑形式。总体来讲，认识的先验论是初级理性逻辑，经验论是中级理性逻辑，超验论是高级理性逻辑或者精密逻辑、纯逻辑。逻辑应用的方式有演绎法与归纳法，演绎法推理的前提和结论之间存在必然逻辑关系。归纳法推理的前提与结论之间逻辑关系不是必然的，而是偶然的。通过逻辑演绎形成的真理是对具体内容、形式、结构的抽象表达，它是超乎于具体经验的空洞真理，但它们在人们认识和思维活动中以及在科学理论知识的建构中发挥着非常重要的作用。

近年来，我国畜牧业发展迅猛，畜牧业产值已占我国农业总产值的34％。但是我国动物疫病防控形势仍然严峻复杂，老病新特点、新病不断增加、多重疾病混合发生，造成动物疾病诊断越来越难。尽管诊断的新技术如分子生物学技术和基因检测等技术发展迅速，但因缺乏充分的逻辑判断而出现主观与无效诊断现象增多。现实情况下，学生对疾病诊断的逻辑模糊无法达到该课程的专业教学效果和要求，客观要求兽医诊断学理论体系必须进行与时俱进的革新。创新理论，一方面可以适应当前兽医诊断的需要，另一方面满足兽医诊断学教学体系的逻辑思维训练要求。因此，诊断逻辑判断思维理论体系的创新和完善是兽医诊断学改革的重中之重，建立诊断精密逻辑模型显得尤为必要。

## 第二节　兽医诊断的现实反映

目前，行业内兽医对动物疾病诊断乱象严重。现实动物疾病复杂化造成诊断越来越难。针对性缺乏，有效防控动物疾病越来越难。在专业教学中兽医诊断学对学生的诊断逻辑判断思维训练重视不足。诸多现实问题展现在我们面前。

## 一、动物疾病复杂化带来诊断困难

我国动物疾病目前正趋于复杂化，单一疾病很少，多重疾病同时发生与混合感染占大多数，传统的单一疾病模型无法适应复杂化的多重疾病诊治。而现行的兽医诊断学教材并没有对复杂多重疾病建立经验性逻辑判断有效模型。新的疫病不断出现，如非洲猪瘟、猪的圆环 3 型病毒感染、小反刍兽疫、猪塞内卡病毒病、E 种肠道病毒感染、G 种肠道病毒感染等新发疫病。对新发疾病来不及建立科学的经验性疾病模型，造成兽医越来越难做出有效、准确诊断，进而对这些新发疾病的预防和控制无法进行有效地应对，所以，这些新病目前仍没有有效的控制方法。

传统动物疫病出现"变异"增多，如禽流感、口蹄疫流行毒株多，猪流行性腹泻变异毒株流行广泛，猪蓝耳病病毒变异突出、疫苗不能有效防控等问题。原有的疾病模型无法解释变异后的疾病，在诊断上也就会出现类似"非典型"等没有严谨逻辑判断的词汇。面对现实问题，兽医诊断学改革面临严峻挑战。

## 二、兽医诊断的行业现状

目前，行业内兽医对动物疾病诊断乱象严重。兽医人员面对新疾病、新现象、新变异的情况，其经验性不足，迫使其依赖所谓先进的实验室检测技术，主观地加重了实验室检测数据作为诊断的依据，因而造成没有充分逻辑判断出现的主观、无效诊断现象增多，以至于对疾病没有充分认识而无法有效防控。根据调查，国内疫病造成猪的死亡率为 12％～15％，鸡的死亡率为 20％～30％，每年直接经济损失高达 260 亿元，并且严重影响肉类产品的出口，疾病已成为我国畜牧业向深层次、高效益方向发展的主要障碍。

现实情况是我们要防控的动物疾病越来越多，而能够有效防控的疾病少之又少。同一样品在不同实验室检测的结果完全不同，且对数据的解读各有各的认识，很难形成统一、有效的共识，这也导致疾病防控效果参差不齐。尽管分子生物学和基因检测等新的诊断技术发展迅速，但因缺乏充分逻辑判断而出现的主观、无效诊断现象增多。因此，在兽医临床实践中对兽医诊断的有效逻辑模型建立显得非常紧迫。

## 三、兽医诊断学的理论体系现状

兽医诊断学的内容，概括为诊断方法和诊断思考两大方面，具体分为临床诊断、实验室诊断、影像诊断及建立诊断四部分。其中临床检查、实验室诊断和影像诊断的方法学内容占了97%，而建立诊断内容少而不精，只占不到1%内容篇幅。可见，内容偏重"诊"的方法，且知识零碎，建立诊断的理论逻辑体系阐述不足。这是大多数兽医诊断学教材存在的问题。近年来，我们以"兽医诊断的概念"为问题进行随机调查发现，学生普遍存在对诊断的逻辑判断缺乏充分认识，没有系统的逻辑判断概念，表现为对建立诊断的方法和步骤表述不清楚，从而间接影响学生对本专业学科的兴趣。

### 1. 建立兽医诊断的方法及其特点

**论证诊断** 就是用论据来证明一种客观事物的真实性。论证诊断法，就是从检查患病动物所搜集的症状资料中，确定出主要症状和次要症状，按照主要症状设想出一种疾病，把主要症状与所设想的疾病，互相对照印证。如果用所设想的疾病能够解释主要症状，且和多数次要症状不相矛盾，便可建立诊断，这种诊断方法就称为论证诊断法。

"设想出一个疾病"是指已知的疾病模型，不包括未知疾病，这会导致疾病模型与诊断的逻辑模型相混淆，论证性诊断应用的是经验性逻辑，而且误诊最大可能在于主要症状与主要矛盾不是必然性关系，疾病的主要症状与主要矛盾不是一回事。经验性逻辑只能证明经验正确，对经验本身无法证伪，经验逻辑之外的疾病根本无法探究，也不利于疾病的代偿与潜伏状态判断。这是多因素推理判断经验性逻辑的典型不足。

**鉴别诊断**　在找不出可以确定诊断的依据来进行论证诊断时，可采用鉴别诊断法。具体方法是：先根据一个主要症状或几个重要症状，提出多个可能的疾病，这些疾病在临床上比较近似，但究竟是哪一种，须通过相互鉴别；逐步排除可能性较小的疾病，逐步缩小鉴别的范围，直到剩下一个或几个可能性较大的疾病，这种诊断方法称为鉴别诊断法。

"先根据一个主要症状或几个重要症状"是指应用先验性逻辑初步归纳出几个重要症状，"提出多个可能的疾病"是指多个已知的疾病模型，不包括未知疾病，而后再应用经验性逻辑逐步排除可能，它兼顾了先验性初级逻辑和经验性中级逻辑。同样，这种方法只能证明经验，不能证伪经验，无法探究经验逻辑之外的疾病，也无法判断疾病的代偿与潜伏状态。

**症状（病变）鉴别诊断**　这两种方法相类似，在鉴别诊断的基础上，更加注重先验性逻辑，通过初步归纳出的主要症状入手或主要病理变化，"形成诊断树"是指大量的已知疾病模型分类，诊断过程仍然是应用经验性逻辑逐步排除可能。出现代偿性临床症状时，症状（病变）鉴别诊断很难正确判断，而且无法探究经验逻辑之外的疾病。

**病因诊断**　就是研究引起疾病的原因所做出的诊断，如结核病、放线菌病、肝片吸虫病、硒缺乏症等。这个概念与病原学诊断容易混淆。病原学诊断终极落在了病原体存在上，病原学诊断必须依赖病理学和免疫学诊断辅助才能达成证明逻辑。病因诊断，一因未必会导致一果，单一因果逻辑很难成立。

**机能诊断**　对各个器官的机能进行检查，对结果进行推测、分析所做出的诊断。确定机能诊断的方法很多，如心电图、肝脏代谢、血清酶的测定，肾功能的测定等。机能诊断的数据、指标结果需要精密数理逻辑模型才能做出有效诊断，但目前这样的逻辑模型还不完善，提示我们应用机能诊断的数据要特别小心。

综上所述，论证诊断，应用经验性逻辑，只能证明经验不能证伪经验。鉴别诊断，应用先验性逻辑初步确立几个重要症状，而后再应用经验性逻辑逐步排除可能，它兼顾了先验性初级逻辑和经验性中级逻辑，此法优势是诊断效率高，劣势是只能证明经验。病原学诊断，终极落在了病原体存在上，偏离了建立诊断的一元论原则即病理生理原则，出现即不能证明也不能证伪的混乱逻辑，病原学诊断必须依赖病理学诊断辅助才能达成证明逻辑。病因诊断，一因未必会导致一果，单一因果逻辑很难成立。机能诊断，是数理逻辑的初步探索，其逻辑模型还不成熟，数据结果的真实存在度差。大类归属诊断，应用先验性逻辑初步归纳的方法，这种方法具有直观性和高效性，准确诊断还需要鉴别诊断和论证诊断的深入。疾病处在代偿、潜伏状态时，已有诊断方法很少涉及，造成误诊在所难免。判断疾病的代偿状态、潜伏状态，对动物营养代谢病、传染病的诊断非常重要。

**2. 实验室诊断真实性扭曲**　实验室诊断严格意义上包括常规检查、机能检查、病原学、血清学和分子生物学诊断等。实验室检测所获得的大量数据与指标无法与感观的现象、症状或表现建立逻辑规范，这是数据带来的最大麻烦。因而，数据的真实性值得考验。尽管实验室检测增加和丰富了疾病的信息量，但对于疾病本质的真实性偏离更大。因为，疾病具象背后的数据、指标经过实验室检测的采样、运输、检测方法、使用仪器、试剂及操作人员等若干环节，最终的结果是对疾病本质真实性的过度扭曲，试验数据结果的真实存在度更差，并不能揭示疾病的本质。影像学诊断，对视觉的延伸，必须配合其他诊断方法才能形成诊断逻辑。

**3. 逻辑判断思维内容缺少**　兽医诊断学的内容偏重于临床诊断的基本方法和实验室诊断检查方法的操作训练，以知识点多与知识零碎为特点。大部分知识点以纵向了解为主，横向联系较少论述。对建立诊断的逻辑判断思维阐述少，而且存在各临床检查和实验室检查方法获得的指标和数据并没有深入系统地规范和设定统一逻辑体系的问题。各有各的理论体系，但始终超不出经验性逻辑范畴，经验性思维逻辑只能证明经验正确，不能证伪与经验相悖的疾病现象。这样无法达到诊断思维逻辑的超验性效果，对经验之外的疾病诊断将无法进行，不能满足现实存在动物疾病复杂化的认识和判断。只有纯逻辑模型才能做到超验性判断。

## 第三节　兽医诊断的"象、数、理"矢量逻辑模型

诊断，推理论证事物存在矛盾的逻辑证明。兽医诊断，动物疾病发生矛盾所在的逻辑判断，诊断的终极点在发生疾病的矛盾上，而不是疾病病名上。疾病的病名是有限的经验总结归纳，并不一定体现疾病真实本质，也就是对疾病的定义未必准确，而且还存在有许多未知疾病无法命名。某病名及疾病定义是某疾病模型的概括，但它不能成为诊断其他疾病的逻辑模型，准确诊断是需要纯逻辑证明达成的。多因素讨论疾病诊断问题是不能形成有效精密逻辑或纯逻辑，寻找第一因讨论疾病诊断问题是建立纯逻辑模型的前提，疾病发生的病理生理矛盾作为疾病诊断逻辑的第一因也是唯一因，把所有其他因素都归到唯一的病理生理矛盾体，此矛盾体具有逻辑证明可认识疾病发生的本质。

因此，只有疾病发生存在的矛盾才能比较真实地体现疾病本质。所以，动物疾病诊断应注重疾病发生存在矛盾的逻辑证明。存在矛盾是指发生疾病的表现、症状、现象，与其背后的数据、指标在病理生理上存在逻辑性，即矛盾具有矢量性质的大小、主次和逻辑的方向性。

介于兽医诊断具有主观认识的客观属性，在逻辑上要求必须

一致性。现提出诊断的"象、数、理"矢量逻辑模型，并在以下内容中详细阐述。

## 一、概念

**1. 象**　指动物疾病发生的现象、症状和表现，包含有具象和矢象，也就是静态象和动态象，并具有矢量方向性，指向诊断的一元论即病理生理矛盾原则。内含有个体象和群体象，以及与疾病存在逻辑相关的地理、气候和环境之象的延伸。

**2. 数**　指动物疾病发生表象背后的数据和指标，具有静态数和动态数的矢量方向性质。内含有个体病理生理之数和群体统计之数，以及与疾病存在逻辑相关的地理、气候和环境之数的延伸。

**3. 理**　指动物疾病发生的病理生理理论依据，及其机制和逻辑推理。决定着发病的矛盾方向，并能够解释发病矛盾表象和数的对应依存逻辑关系。

**4. 奇点**　疾病发生矛盾的起始点，是病理与生理象和数的分界点。

**5. 矛盾矢量**　疾病发生的矛盾体，是病理与生理相矛盾的象、数逻辑参数体系，具有方向并能在逻辑上延伸，但受有限方法和理论制约。

**6. 矢量**　是一种既有大小又有方向的量，又称为向量。一般来说，在物理学中称为矢量，如速度、加速度、力等就是这样的量。舍弃实际含义，就抽象为数学中的概念——向量。在计算机纯逻辑中，矢量图可以无限放大、永不变形。

## 二、"象、数、理"矢量逻辑模型

**1. 广义模型**　把动物有机体的各种存在状态（病理、生理）按照其表现、症状、现象与指标、数据，即"象"和"数"两个存在因素的逻辑演绎形成"象、数、理"逻辑诊断疾病的大体坐标模型。横坐标为病理生理"象"的双向矢量标，纵坐标为病理生理"数"的双向矢量标，奇点为横纵坐标交点，是病理与生理的分界点。坐标大体意义上分成 4 个象限区域，代表疾病诊断根据逻辑进行划分出四种不同性质的状态，即健康生理区域、生理功能代偿区域、病理生理矛盾发病区域、疾病潜伏区域。健康生理区域的象、数都在生理轴上，表示处在健康状态。生理功能代偿区域的象在病理轴上、数在生理轴上，表示出现了病理现象，但相应的指标和数据因机体功能代偿还处在生理数范围的状态。病理生理矛盾发病区域的象、数都在病理轴上，表示处在疾病发生状态。疾病潜伏区域的象在生理轴上、数在病理轴上，表示出现了病理性的指标和数据，但象轴还没有表现出明显症状和现象，机体处在疾病发生潜伏的状态。其中，代偿域与发病潜伏域是相反性质，健康生理域与发病域是相反性质。此"象、数、理"逻辑模型称为广义模型（图 9-1）。此模型的四个象限区域逻辑划分可全面地概括疾病与健康存在基本不同的四种状态，能为诊断在大体上做出有力的判断逻辑依据。

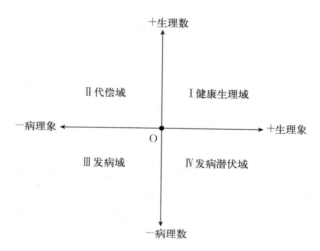

图 9-1　"象、数、理"广义模型

"象"为横轴，"数"为纵轴；横轴与纵轴都有相反方向性，分成 4 个象限区域；
"O"为奇点代表病理与生理"象"和"数"的分界点

**2. 有限模型** 事实上我们认识或认知疾病范围有限，这是因为科学理论有限，这要求精密逻辑必须规范才能有效。所以相对广义模型来说，"象、数、理"矢量逻辑模型在认识疾病的主观上有局限性，即认识和诊断疾病在有限范围，这就是诊断的"象、数、理"矢量逻辑有限模型，用圆形表示，坐标奇点为圆心，圆外部分为主观认识不到的状态和范围（图9-2）。有限逻辑模型为主观诊断限定了客观疾病存在的有效认识范围。

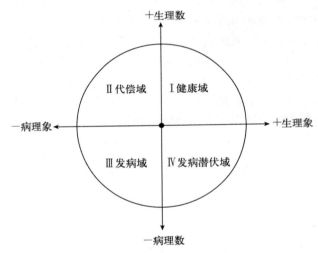

图9-2 "象、数、理"矢量逻辑有限模型
圆形为有限科学理论认识疾病的局限范围

**3. 有限存在模型** "象"和"数"在真实存在度上有偏差，数据和指标是一个认知"象"的基础上而初步理性归纳的结果，归纳在一定程度上有扭曲对象真实性的可能存在，即数据和指标比象的真实存在度低，如"象、数、理"矢量逻辑真实存在度模型所示（图9-3），此模型揭示了象、数存在的真实性关系。因此，认识疾病的有限模型范围的纵轴有效存在性缩小，真实存在有限范围缩小成椭圆形（图9-4），在逻辑上揭示了

象、数存在真实性限制的诊断疾病的主观认识范围模型,称其为有限存在模型。

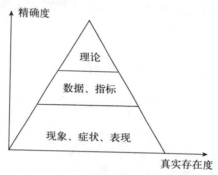

图 9-3 "象、数、理"真实存在度模型

象的真实存在度最高;理论的真实存在度最低

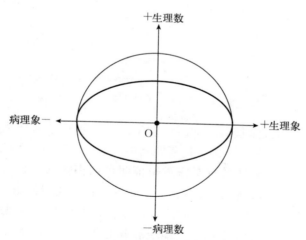

图 9-4 "象、数、理"矢量逻辑有限存在模型

椭圆形为真实有限认识疾病的局限范围

**4. 有限存在精确模型** 精确认识疾病是在"象"和"数"的矢量关系相当并能有效对应,在认识疾病真实存在椭圆形有限

范围内要达到精确认识疾病本质，是由椭圆形短轴为限决定的，形成一个面积更小的内切圆，这就是认识疾病的"象、数、理"矢量逻辑有限存在精确模型范围（图9-5）。这是对动物疾病进行精确诊断范围的逻辑模型依据。

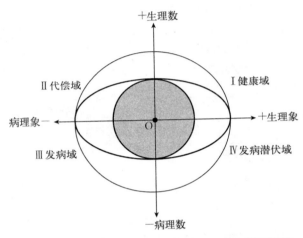

图9-5 "象、数、理"矢量逻辑有限存在精确模型
内切圆形为真实、精确、有限认识疾病的局限范围

**5. 矛盾矢量模型** 把疾病发生的病理生理矛盾作为诊断逻辑的第一因也是唯一因，把所有其他因素都归到唯一的病理生理矛盾体，此矛盾体具有精密逻辑证明可认识疾病发生本质。因此，动物疾病诊断应注重疾病发生存在矛盾的逻辑证明。存在矛盾是指发生疾病的表现、症状与现象，与其背后的数据、指标在病理生理上存在逻辑性，即矛盾具有矢量性质的大小、主次和逻辑的方向性。由此建立的动物疾病诊断逻辑方法称为矛盾矢量模型，$OM$矛盾矢量对应的"象"横轴"$a$"为病理生理象的矢量，与"数"纵轴"$b$"为病理生理数的矢量相当时为主要矛盾矢量，"$O$"为奇点，代表病理与生理象和数的分界

点，疾病发生矛盾的起始点。主要矛盾矢量是诊断疾病的标准逻辑模型（图9-6）。

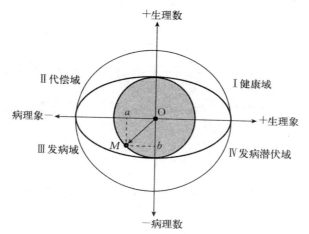

图9-6 "象、数、理"主要矛盾矢量逻辑模型

"O"为奇点代表病理与生理象和数的分界点，疾病发生矛盾的起始点；

OM为主要矛盾矢量，M（a, b且a＝b）；

"a"为病理生理象的矢量，"b"为病理生理数的矢量

**6. 主要矛盾矢量延伸效应模型** 主要矛盾矢量是诊断疾病的标准逻辑模型，标准的精密逻辑是疾病诊断缜密逻辑证明的保证，主要矛盾矢量具有标准逻辑方向的延伸效应，为未知疾病诊断提供了逻辑判断理论依据（图9-7）。延伸的结果，诊断逻辑证明可突破疾病的有限存在精准模型范围（内圆）和有限存在模型范围（椭圆），直达疾病有限模型范围边界（外圆），使有效诊断疾病范围延伸扩展和认识疾病范围更广。对复杂疾病和未知疾病的诊断具有缜密逻辑模型依据，对认识动物复杂疾病和未知疾病的本质具有重要作用。主要矛盾矢量以外的其他矛盾矢量的延伸效应，只在有限存在精确模型范围内有效。而主要矛盾矢量可扩展延伸在有限模型都有效。

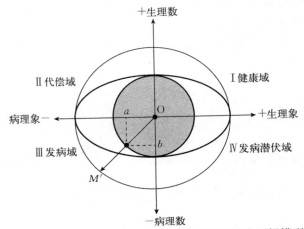

图 9-7 "象、数、理"主要矛盾矢量延伸效应逻辑模型

"O"为奇点代表病理与生理象和数的分界点，疾病发生矛盾的起始点；

$OM'$ 为主要矛盾延伸矢量，$M'(a, b$ 且 $a=b)$；

"$a$"为病理生理象的矢量，"$b$"为病理生理数的矢量

**7. 主要矛盾矢量摆动效应模型** 主要矛盾矢量是诊断疾病的标准逻辑模型，疾病的发生与发展是一个动态过程具有时空效应，相应的"象"与"数"也是动态变化的，因此主要矛盾矢量在疾病的有限存在精确模型（内圆）范围内具有以奇点"O"为轴心而发生位移、旋转和摆动效应（图 9-8）。摆动的结果，在发病域为次要矛盾矢量，在代偿域为代偿矛盾矢量，在发病潜伏域为潜伏矛盾矢量，在健康域为生理矢量。诊断中经常会出现非主要矛盾就是疾病发生的次要矛盾，因为对应横轴病理生理象的矢量"$a$"与纵轴病理生理数的矢量"$b$"不严格相当对应，即 $a \neq b$，在诊断中应以主要矛盾矢量为标准参照。代偿矛盾是机体组织器官生理功能代偿的表现，在诊断中会制造很多假象干扰判断，虽然出现象的矛盾，但生理功能指标和数据没有矛盾，只有按照"象、数、理"矛盾矢量诊断逻辑模型才能有效判别其真伪和本质。潜伏矛盾，疾病发生前的象不明显，但生理功能指标和数据已出现异常

矛盾，使个体或群体动物传染性疾病的诊断能更加逻辑缜密和准确预判，在指导预防和监视动物传染病和其他疾病方面具有重要意义。

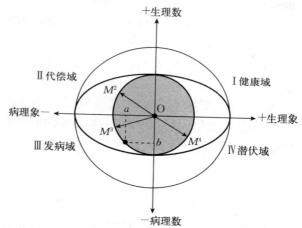

图 9-8 "象、数、理"主要矛盾矢量摆动效应逻辑模型

"O"为奇点，代表病理与生理象和数的分界点，疾病发生矛盾的起始点；

"a"为病理生理象的矢量，"b"为病理生理数的矢量；

$OM^3$ 矢量为次要矛盾，$M^3$（$a$，$b$ 且 $a \neq b$）；

$OM^2$ 矢量为代偿矛盾，$M^2$（$a$，$b$ 且 $a \neq b$）；

$OM^4$ 矢量为潜伏矛盾，$M^4$（$a$，$b$ 且 $a \neq b$）

所建兽医诊断逻辑模型体系并不复杂，应用该逻辑模型时与以往逻辑思维习惯不同，即诊断的逻辑起点不同。现对应用该逻辑模型进行诊断疾病的论证原则做充分说明。

"象、数、理"精密逻辑模型是兽医诊断的科学理论创新学说，它不是传统意义上学说，它是一个虚拟模型并不真实，但在科学理论知识的建构中有其积极作用。

所建兽医诊断逻辑模型，其逻辑起点前移，并追求"象"和"数"发生深层病理生理矛盾的精确性。传统兽医诊断逻辑判断起点在疾病的病名与症状、表现和数据指标对应关系上，并没有重视存在矛盾体的深层追究。

数据和指标具有静态数和动态数性质，必须强调具有病理生理的逻辑方向性。对实验室检测的数据做了严格的逻辑规定，也包括其他数的逻辑关系。

主要矛盾矢量模型是兽医诊断的标准模型，坐标和四个象限以及推演到有限存在精确模型，都是逻辑演动的过程，存在矛盾才是终极落脚点。解释例证必须放在矛盾矢量上进行，否则就无效不成立。

必须强调，动物疾病模型不能构成普遍意义的诊断逻辑模型，这两个模型是不同性质的。疾病模型是真实的而未必是精确的，很可能是不准确的，包括其疾病定义都可怀疑。

## 三、讨论

哲学与科学本就是一个系统，所有的科学都是哲学逻辑体系的衍生和证明学说，例如，欧几里得的几何学就是对柏拉图精密逻辑哲学的证明，哲学思想指导科学的发展方向是理所当然的，称之为哲科一系。兽医诊断学是分科之学的产物，随着信息量增大，其理论和方法不断分化、细化和更新。当信息量再度增加时，原有的理论和方法就在一定程度上失效，这是我们今天面临的麻烦。

**1. 兽医诊断学创新理论模型必要性**　目前，兽医诊断学内容偏重临床诊断基本方法和试验诊断检查方法的操作训练，以知识点多、知识零碎为特点，大部分知识点以纵向了解为主，横向论述少而不精。传统的兽医诊断学教学内容已经满足不了兽医专业的业务需求，具体表现为诊断的理论体系和逻辑体系不统一、不深入。以往经验性逻辑诊断方法只能证明经验，对未知疾病无法有效诊断，甚至不能有效判断疾病的代偿、潜伏状态。面对现实中新病不断出现、疾病发生复杂多变、疾病模型缺乏等情况，只有高级精密逻辑模型才能做到超验性判断，使动物疾病诊断更加准确，这有利于疾病的有效防控。必须强调，动物疾病模型不能构成普遍意义的诊断逻辑模型。

**2. "象、数、理"矢量逻辑模型体系化及其科学性** 多因素讨论疾病诊断问题是不能形成有效精密逻辑或纯逻辑证明，寻找第一因讨论疾病诊断问题是建立纯逻辑模型的前提。疾病发生的病理生理矛盾作为诊断逻辑的第一因也是唯一因，是科学地建立诊断精密逻辑的客观要求，把所有其他因素都归到唯一的病理生理矛盾体，其具有逻辑性证明能够认识疾病发生的本质。因此，重新定义诊断概念，诊断是推理论证疾病发生存在矛盾的逻辑证明。建立的诊断"象、数、理"矢量逻辑模型，具有主观认识与客观疾病存在一致的逻辑性。尤其对实验室诊断的数据做了严格的逻辑规定。主要矛盾矢量是诊断疾病的标准逻辑模型，可做到精确诊断疾病，主要矛盾矢量延伸效应是对动物复杂疾病和未知疾病诊断的精密逻辑模型判断依据，涉及个体向群体延伸，以及微观向宏观延伸。主要矛盾矢量及其摆动效应出现次要矛盾、代偿矛盾、潜伏矛盾，这四个矛盾矢量逻辑模型基本概括了诊断动物机体发生疾病的所有状态，有效避免了疾病假象对诊断的干扰，有利于充分认识疾病的本质，并在疾病预防和监视方面更加具有逻辑性和准确性的意义。

"象、数、理"矢量逻辑模型是对兽医诊断学建立诊断理论的创新，即兽医诊断的精密逻辑模型将各诊断理论体系统一化，将建立诊断逻辑判断终极化，体现了哲学、科学同一体系的学术思想，使认识动物疾病本质更具有真实性和准确性，这是对兽医诊断学进行科学创新与改革的重要贡献。该模型经得起兽医临床实践动物疾病诊断案例应用检验，它具有实用性价值，将对畜牧兽医行业产生积极影响。

此模型在一定程度上开创了兽医诊断的精密逻辑判断的理性思维新篇章，为将来开发兽医智能诊断系统提供了精密逻辑模型依据，它能够适应大信息量的动物疾病诊断，并对大量信息和数据作了精密的逻辑规定。面向兽医诊断的未来建立了哲科思维的思想认识通道，在此思想认识通道上未来才会有更多的突破和创新。希望"象、数、理"矢量逻辑模型能给各位兽医同仁在专业教学与动物疾病诊断实践中带来启迪。

# 附：猪抗生素用药原则及不良反应

## 1 药物选择原则

1.1 治疗一般感染尽量不用抗生素。实践证明，应用中草药治疗和预防疾病具有安全、无毒害残留、副作用少等较好的效果，而且药源普遍。因此，从全局考虑，为避免药物残留和细菌耐药性，一般感染尽量不用抗生素。

1.2 应严格掌握各类抗生素的适应证，不能滥用。即选择用药时，应全面考虑病畜全身情况、临床诊断、致病微生物的种类及其对药物的敏感性等，从而选择对病原微生物高度敏感、抗菌作用最强或临床疗效较好、不良反应较少的抗生素药物。现将抗生素的选用及适应证列表如下（仅供参考）。

1.3 抗生素的剂量、用法要适当，疗程应充足，并应注意观察治疗过程中病畜的反应，以便及时修改治疗方案。

1.4 对发热原因不明的病畜，除病情严重者外，不宜轻易采用抗生素，以免影响正确诊断和延误正当治疗等。

1.5 除主要供局部用的磺胺类和抗生素外，其他抗生素特别是青霉素的局部应用，应尽量避免，以减少过敏反应和耐药菌株的产生。

1.6 肝、肾功能有损害时，应用抗生素要特别注意，例如应选用适宜的药物，相应调整药物的剂量及给药间隔时间等，以避免不良反应的发生。

## 药物选择表

| 病原微生物 | 所致主要疾病 | 首选药物 | 次选药物 |
|---|---|---|---|
| 金黄色葡萄球菌（G⁺） | 化脓创、败血症、呼吸道或消化道感染、心内膜炎、乳腺炎等 | 青霉素 G | 红霉素、头孢菌素类、林可霉素、四环素、增效磺胺 |
| 耐青霉素金黄色葡萄球菌（G⁺） | 同上 | 耐青霉素的半合成新青霉素 | 红霉素、卡那霉素、庆大霉素、杆菌肽、头孢菌素类、林可霉素 |
| 溶血性链球菌（G⁺） | 猪链球菌病 | 青霉素 G、甲砜霉素氟本尼考喹诺酮类 | 红霉素、增效磺胺、头孢菌素类 |
| 化脓性链球菌（G⁺） | 化脓创、肺炎、心内膜炎、乳腺炎等 | 青霉素 G | 四环素、红霉素、增效磺胺 |
| 肺炎双球菌（G⁺） | 肺炎 | 青霉素 G | 红霉素、四环素类、磺胺类 |
| 破伤风梭菌（G⁺） | 破伤风 | 青霉素 G | 四环素类、磺胺类 |
| 猪丹毒杆菌（G⁺） | 猪丹毒、关节炎、感染创等 | 青霉素 G | 红霉素 |
| 气肿疽梭菌（G⁺） | 气肿疽 | 青霉素 G | 四环素类、红霉素、磺胺类 |
| 产气荚膜杆菌（G⁺） | 气性坏疽、败血症等 | 青霉素 G | 四环素类、红霉类 |
| 结核杆菌（G⁺） | 猪各种结核病 | 异烟肼＋链霉素 | 卡那霉素、对氨基水杨酸、利福平 |
| 李氏杆菌（G⁺） | 李氏杆菌病 | 四环素类 | 红霉素、青霉素、磺胺类、增效磺胺 |
| 大肠杆菌（G⁻） | 仔猪黄白痢、猪水肿病、败血症、腹膜炎、泌尿道感染等 | 环丙沙星或诺氟沙星 | 庆大霉素、卡那霉素、增效磺胺、多黏菌素、链霉类、四环素类 |

（续）

| 病原微生物 | 所致主要疾病 | 首选药物 | 次选药物 |
| --- | --- | --- | --- |
| 沙门氏菌<br>（G⁻） | 仔猪副伤寒 | | 增效磺胺、氨苄青霉素类、四环素类、呋喃类 |
| 绿脓杆菌<br>（G⁻） | 烧伤创面感染、泌尿道、呼吸道感染、败血症、乳腺炎、脓肿等 | 多黏菌素 | 庆大霉素、羧苄青霉素、丁胺卡那霉素、头孢菌素类、喹诺酮类 |
| 坏死杆菌<br>（G⁻） | 坏死杆菌病、腐蹄病、脓肿、溃疡、乳腺炎、肾炎、坏死性肝炎、肠道溃疡等 | 磺胺类或增效磺胺 | 四环素类 |
| 巴氏杆菌<br>（G⁻） | 巴氏杆菌病、出血性败血病、猪肺疫等 | 链霉素 | 磺胺类、增效磺胺、四环素类、喹诺酮类 |
| 布鲁氏菌<br>（G⁻） | 布鲁氏菌病、流产 | 四环素＋链霉素 | 增效磺胺、多黏菌素 |
| 嗜血杆菌<br>（G⁻） | 猪胸膜肺炎等 | 四环素类、氨苄青霉素 | 链霉素、卡那霉素、头孢菌素类、喹诺酮类 |
| 胎儿弧菌<br>（G⁻） | 流产 | 链霉素 | 青霉素＋链霉素、四环素 |
| 钩端螺旋体 | 钩端螺旋体病 | 青霉素 G、链霉素 | 四环素类 |
| 猪痢疾密螺旋体 | 猪痢疾 | 痢菌净 | 林可霉素、泰乐菌素 |
| 猪肺炎支原体 | 猪喘气病 | 单诺沙星、乙基环丙沙星 | 土霉素、泰乐菌素、卡那霉素 |
| 放线菌 | 放线菌肿 | 青霉素 G | 链霉素 |

## 2 注意药物的不良反应

临床上在猪病应用抗生素药物时，人们往往重视其治疗作用，而对其所引起的不良反应注意不够，加之对其预防感染效果估计过高，因此也就偏重于滥用，应用抗生素药物后的不良反应有毒性反应、过敏反应、二重感染等，应当引起足够重视。

**2.1 毒性反应** 抗生素药物引起的毒性反应比较多见，主要表现在神经系统、消化系统、肝脏、肾脏、血液循环系统和局部等方面。毒性反应的生产主要是药物对各种组织器官的直接损害或化学性刺激所致，在某些情况下则可由于蛋白质合成或酶系受到抑制而引起。

**2.1.1 神经系统** 中枢神经系统比较敏感，任何抗生素药物注入鞘内或脑室内，均可引起一定反应，严重者甚至发生抽搐、昏迷、呼吸、循环衰竭等。因此，此类药物均应避免鞘内和脑室内注射。

磺胺类和呋喃类急性中毒时所表现的兴奋、惊厥、麻痹等神经症状，是由于包括神经受损伤等多种因素所引起的，目前尚缺乏有效的治疗措施，因此，必须严格掌握药物的剂量。氨基苷类抗生素对第八对脑神经有明显的毒性作用，当长期或大剂量应用时，应警惕此毒性反应的发生。

氨基苷类、四环素类及多黏菌素等大剂量静脉注射，或腹腔内放置大量氨基苷类抗生素，能引起呼吸抑制等，是因肌肉接点可被这些药物阻断所致。因此，对呼吸机能障碍及已给予骨骼肌松弛药、麻醉药的家畜，应用上述抗生素时，必须警惕此不良反应的发生。如发生呼吸衰竭征象时，可连续应用新斯的明，直至呼吸恢复正常，或配合人工呼吸，给氧和静脉注射钙剂等。

**2.1.2 消化系统** 单胃动物内服大剂量广谱抗生素等，能降低胃肠蠕动和消化腺的分泌，在猪、犬等还可引起呕吐、便秘或腹泻等。上述反应与药物对胃肠黏膜的直接化学性刺激作用，和抑制了胃肠道内对机体有益的菌群的生长有关，这种反应的产生一般多与药物剂量的大小和用药时间的长短成正比，因此，在用药过程中必须注意。如已发生消化障碍，应停药进行对症治疗。

**2.1.3 肝脏** 大剂量的四环素类抗生素（尤其是金霉素），能引起肝细胞的变性和坏死，使黄疸指数和转氨酶升高，但一般为可逆性的，停药后可逐渐恢复。此外，新生霉素、红霉素、新霉素、灰黄霉素和磺胺类等，有时也可引起肝脏损害。因此，对肝功异常的家畜，应尽量避免使用上述药物。当连续长期或大剂量用药时，应立即停药。

**2.1.4　肾脏**　氨基苷类、多黏菌素类、四环素类、杆菌肽及两性霉素 B、头孢菌素 II 等，对肾脏均有一定毒性，主要影响肾小管。疗程较长或肾功能原有损害时，这一作用也比较显著。尿中溶解低的磺胺类易引起结晶尿、血尿和尿闭。肾功能减退或衰竭时，抗生素在体内的半衰期显著延长，甚至可在体内大量蓄积而引起中毒，因此应适当减少剂量或延长投药间隔时间。肾功能高度减退时，氨基苷类、多黏菌素 B 及多黏菌素 E、四环素、土霉素等最好不予选用。抗生素药物对肾脏的损害大多是可逆性的。

**2.1.5　血液循环系统**　灰黄霉素、新生霉素、磺胺类和呋喃类等，都有引起血液系统损害的可能。磺胺类偶可引起粒细胞缺乏症，前者尚能抑制骨髓，引起贫血。因此当连续长期用药时，应定期检查血象，发现有造血机能抑制现象时，应立即停药，并给予复合维生素 B、叶酸和维生素 $B_{12}$ 等，必要时可反复输给新鲜血液。

对麻醉动物静脉注射氨基苷类、四环素类、红霉素和林可霉素等，均能抑制心血管系统机能，使心排血量减少、心动徐缓、血管扩张、血压下降，其中以氨基苷类最明显。静脉注射氯化钙可迅速取消上述抑制作用。

**2.1.6　局部**　内服抗生素药物对胃肠道黏膜有一定的化学刺激作用。肌内注射时也可引起局部发炎、疼痛，或形成硬结及坏死。猪对四环素类和磺胺类钠盐的刺激性反应最强。静脉内注入抗生素药物溶液易导致血栓性静脉炎，故宜适当稀释注射液，并以缓慢速度滴入。对已发生的严重局部反应或血栓性静脉炎，可采用冷敷、热敷或药物外敷等。

2.2 **过敏反应** 药物的过敏反应是变态反应的一种，主要是由于抗原—抗体的相互作用而引起的。据某兽医院统计，一年内总共发生药物过敏反应 395 741 例，其中由抗感染药（抗生素和抗寄生虫药）引起的占 31.8%，由青霉素引起的占抗生素过敏反应的 25%，临床上家畜的过敏反应一般可分为过敏性休克型、疹块型和局部反应型等。过敏性休克大多于注射青霉素 G 和链霉素后 0.5～1 小时发生，尤以注射青霉素 G 时常见。以猪为例，表现为肌肉震颤、全身出汗、呼吸困难、虚脱等症状。疹块型除有轻微上述症状外，还出现各种皮疹如荨麻疹等，眼睑、阴门、直肠肿胀和乳头水肿等。局部反应型表现注射局部疼痛、肿胀，或无菌性蜂窝织炎等。一般的过敏反应可选用抗组织胺药、氯化钙等，如出现过敏性休克症状，应立即注射肾上腺素、可的松类进行抢救，但要注意，肾上腺素注射后，有时可兴奋心脏的主要传导经路，引起心室颤动，数小时后心跳突然停止而死亡。为了避免这种危险，最好在应用肾上腺素的同时皮下注射 0.2%～0.3%硝酸士的宁液 5～10 毫升，可避免意外事故的发生。对小仔猪也可用安定、解毒敏、氯苯那敏，分别肌内注射。

2.3 **二重感染**（菌群交替症） 是指发生于抗生素应用过程中的新感染。原发疾病严重时机体消耗显著，应用抗生素、特别是广谱抗生素后发生菌群失调现象，是诱发二重感染的重要因素。正常家畜的呼吸道、消化道等处均有微生物寄生，菌群之间在相互颉颃制约下维持平衡的共生状态。在大量或长期应用抗生素，尤其是广谱抗生素后，有可能使这种平衡发生变化，使潜在的条件致病菌等有机会大量繁殖，从而引起二重感染。例如在应用广谱抗生素治疗中，肠道中普通大肠杆菌、乳酸杆菌等敏感菌，因受到抑制而大大减少，未被抑制的一些原属少数的变形杆菌、绿脓杆菌、真菌及对该抗生素有耐药性的细菌却乘机大量繁殖，造成严重的菌群失调，进而引起二重感染。给实验动物饲喂广谱抗生素，均能引起二重感染。

**2.4　影响机体免疫反应**　应用抗生素药物时必须注意它们对机体免疫反应的影响。现已有确实证据表明，磺胺嘧啶及四环素等常用的抗生素，在常用治疗浓度下能影响机体的补体系统，并可抑制调理作用与趋化作用；有些抗生素如四环素，可改变网状内皮系保留微粒的能力；利福平可抑制活化的巨噬细胞的细胞毒性；氯霉素在相当高的剂量条件下可抑制某些抗体的合成等。这些事实提示抗生素药物可影响机体的免疫反应，引起机体防御机能不全。临床上对猪丹毒、布鲁氏菌病、钩端螺旋体病、沙门氏菌病等，过早地应用抗生素药物，都能使血液中抗体推迟或完全不出现。有些活菌菌苗如猪丹毒菌苗、炭疽芽孢苗等，在预防接种时如果同时应用治疗量的青霉素或四环素类，能明显影响菌苗的主动免疫过程。应用抗生素药物治疗传染性疾病时，用药迟早对免疫的产生和治疗效果，是存在着矛盾的。用药越早，疗效越高，但不利于抗体形成，容易引起二次感染；用药时间适当推迟，疗效虽较差，但有利于抗体的形成。对此应进行具体分析，当控制传染病暴发时，应该分秒必争，及早治疗猪群，并采取综合防治措施，以杜绝传染扩散。在已扑灭或控制发病后，要进行必要的预防接种。在接种活菌菌苗前后，应尽量避免使用有效的抗生素药物，以免影响免疫效果。其间隔时间应视抗生素药物在体内维持时间，和注射菌苗后产生足够抗体的必要时间而定，一般是在接种前 3 天到接种后 1 周内，以不用抗生素为宜。

**2.5　细菌耐药性的产生**　细菌在试管中和机体内都可以对抗生素药物产生耐药性，在临床上投与药物的剂量不足、用法不当，以及无明确适应证地滥用抗生素，特别是长期应用时，往往引起耐药菌的出现。目前耐药菌株的出现已日趋严重，不少病原菌对较多的抗生素药物出现耐药，还有交叉耐药现象，这不仅影响畜牧业生产，而且会给人类健康造成极大的危害性，细菌产生耐药性的威胁，其严重程度已与工业污染相提并论了，因此必须采取有效措施。

细菌的耐药性能否改变的问题，在临床治疗学和流行病学上都极为重要。一般来说，天然性耐药是不会改变的，因为这是细菌的遗传特征。获得性耐药则不同，是可以改变的。获得性耐药的稳定程度因不同细菌与抗生素药物不同而异。如前述，链霉素型的耐药性极为稳定，而青霉素型的耐药一般不稳定。细菌对四环素类产生耐药时，其耐药性一般也相当稳定，而对红霉素、新生霉素或庆大霉素产生的耐药性则比较不稳定，细菌对利福平易产生耐药性，而对多黏菌素、杆菌肽等则不易产生耐药性。就细菌来说，痢疾杆菌、结核杆菌等对抗生素产生耐药性后，其耐药性都比较稳定，葡萄球菌对红霉素、四环素等产生的耐药性不稳定。

为防止细菌产生耐药性并控制耐药菌的传播，必须注意：

（1）严格掌握抗生素药物的适应证，防止滥用。治疗时剂量要充足，疗程、用法应适当，以保证得到有效血浓度，控制耐药性的发展；病因不明者，勿轻易应用抗生素；避免滥作预防用药；尽量减少长期用药。

（2）在养猪场内严格执行消毒、隔离制度，以防止耐药菌的传播和引起交叉感染。

（3）一种抗生素可以控制的感染即不采用各种联合，可用窄谱的即不用广谱抗生素。另外也应注意合理的联合用药可以防止或延迟细菌耐药性的产生。

（4）根据细菌耐药的动态和发展趋势，有计划地分期分批交替使用抗生素，可能是一项有价值的重要措施。

# 参 考 文 献

董建国，饶丹，覃燕灵，等，2019. 猪德尔塔冠状病毒研究进展［J］. 广东
　农业学，46（03）：113-118.

高丰，贺文琦，2010. 动物疾病病理诊断学［M］. 北京：科学出版社.

郭昌明，王新平，2019. 兽医诊断学"象、数、理"精密逻辑模型的创建
　［J］. 黑龙江畜牧兽医（08）：1-15.

郭昌明，杨正涛，2013. 猪病鉴别诊断手册［M］. 北京：中国农业出版社.

扈荣良，于婉琪，陈腾，2019. 非洲猪瘟及防控技术研究现状［J］. 中国兽
　医学报，39（02）：357-369.

黄健强，吴静波，2019. 猪塞内卡病毒研究进展［J］. 动物医学进展（40）
　3：82-88.

王书林，2001. 兽医临床诊断学［M］. 3版. 北京：中国农业出版社.

张乃生，李毓义，2006. 动物群体病症状鉴别诊断［M］. 北京：中国农业
　出版社.

张乃生，李毓义，2011. 动物普通病学［M］. 北京：中国农业出版社.

赵德明，2008. 猪病学［M］. 9版. 北京：中国农业大学出版社.

朱维正，2000. 新编兽医手册（修订版）［M］. 北京：金盾出版社.

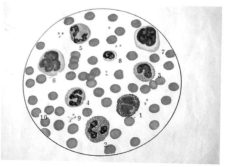

彩图1-1　血细胞镜下形态
1.嗜碱性粒细胞　2.嗜酸性粒细胞
3.中性幼稚型粒细胞　4.中性杆状核粒细胞
5.中性分叶核粒细胞　6.单核细胞
7.大淋巴细胞　8.小淋巴细胞

彩图2-1　胃溃疡、出血

彩图2-2　胃溃疡

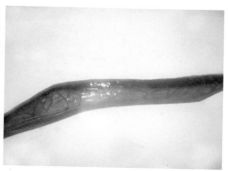

彩图2-3　急性卡他性肠炎　黏膜充血

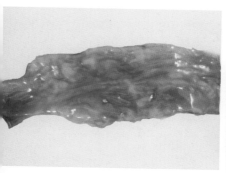

彩图2-4　慢性卡他性肠炎　黏膜面覆盖
多量灰白色黏液

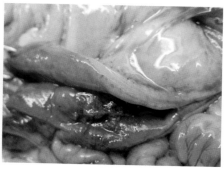

彩图2-5　出血性肠炎　肠壁水肿、增厚

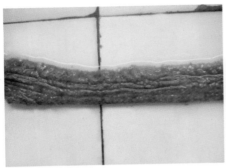

彩图2-6 小肠坏死性肠炎

彩图2-7 大肠坏死性肠炎

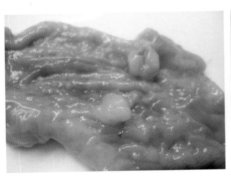

彩图2-8 增生性肠炎管壁明显增厚

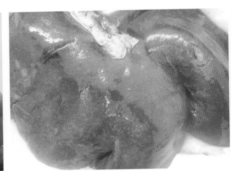

彩图2-9 肝硬化

彩图2-10 仔猪黄痢病死猪

彩图2-11 仔猪黄痢 排出黄色水样粪便

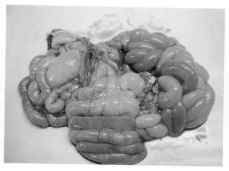

彩图2-12　仔猪黄痢　肠壁变薄、产气

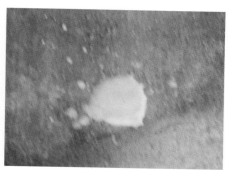

彩图2-13　仔猪白痢　灰白稀便

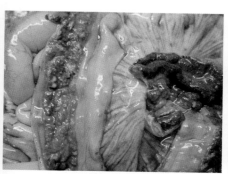

彩图2-14　仔猪副伤寒　肠道麸皮样坏死

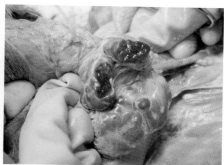

彩图2-15　仔猪副伤寒　淋巴结肿胀、出血

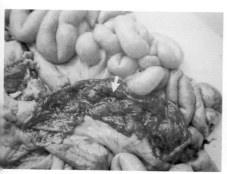

彩图2-16　猪痢疾　大肠黏膜出血

彩图2-17　猪传染性胃肠炎　肠壁薄、肠腔积液

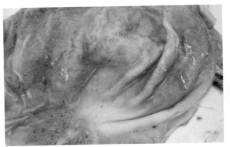

彩图2-18　猪传染性胃肠炎　胃黏膜充血、出血

彩图2-19　猪流行性腹泻　肠系膜充血、淋巴结肿胀

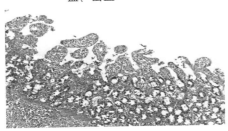

彩图2-20　猪流行性腹泻　肠绒毛萎缩、脱落

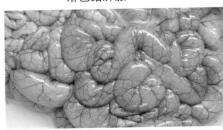

彩图2-21　猪轮状病毒病　小肠肠壁薄、外观充血潮红

彩图2-22　猪鞭虫病　盲肠充血出血和大量鞭虫

彩图2-23　猪增生性肠炎　回肠增生变化

彩图2-24　猪结节虫病　结肠浆膜下结节

彩图2-25　猪绦虫病

彩图2-26 猪小袋纤毛虫病 大便稀溏

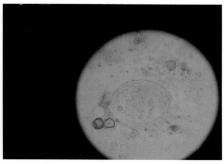

彩图2-27 镜检粪便可见猪小袋纤毛虫

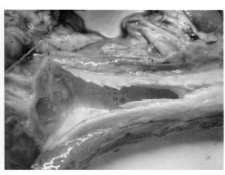

彩图3-1 猪急性气管炎 黏膜表面附着大量渗出物

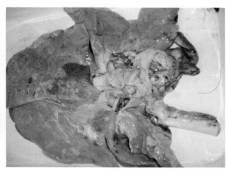

彩图3-2 猪小叶性肺炎 心叶下端灰红色实变

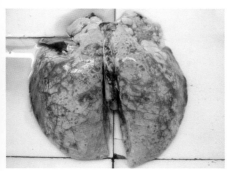

彩图3-3 猪大叶性肺炎

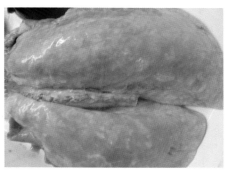

彩图3-4 猪非典型肺炎

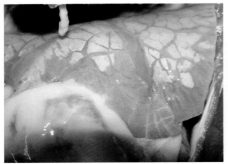

彩图3—5　猪大叶性肺炎　肺水肿，表面
　　　　　呈红、灰色相间斑纹

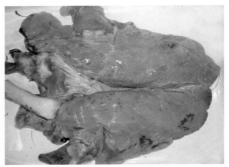

彩图3—6　猪气喘病　肺尖、膈叶下端
　　　　　实变

彩图3—7　猪传染性胸膜肺炎　肺表面纤
　　　　　维素样渗出物

彩图3—8　猪传染性胸膜肺炎　胸腔纤维
　　　　　素样渗出物

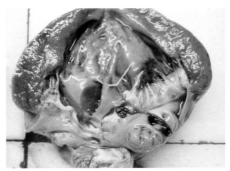

彩图3—9　猪流感　心内膜出血斑

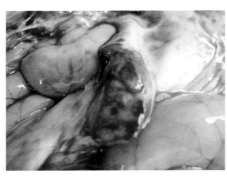

彩图3—10　猪流感　膈淋巴结肿大、出血严重

彩图3-11　猪流感　肺病变呈深紫红色

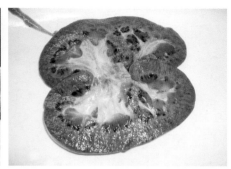

彩图3-12　猪流感　肾乳头充血、出血

彩图3-13　猪链球菌败血症型　腹部皮肤
　　　　　紫红色

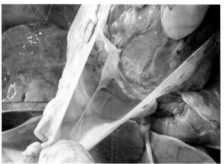

彩图3-14　猪链球菌败血症型　心包积
　　　　　液、心肌、心冠出血

彩图3-15　猪链球菌肺水肿

彩图3-16　猪链球菌腹股沟淋巴节肿大、
　　　　　出血

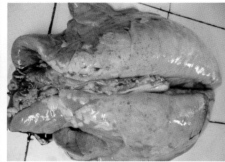

彩图3-17　猪圆环病毒病　肾发黄、表面　彩图3-18　猪圆环病毒病　肺黄染、实变
灰白坏死斑

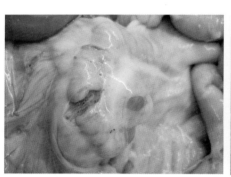

彩图3-19　猪圆环病毒病　肠系膜淋巴节　彩图3-20　副猪嗜血杆菌病　形成绒毛心
肿大、黄染

彩图4-1　猪伪狂犬病　仔猪神经症状　彩图4-2　猪伪狂犬病　仔猪脑膜水肿、出血

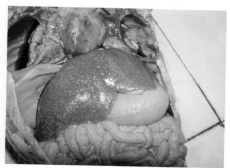

彩图4-3　猪伪狂犬病　仔猪肝脏大量黄白色坏死点

彩图4-4　猪瘟　肾脏表面出血点

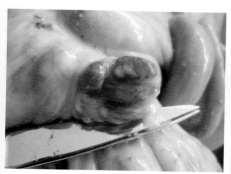

彩图4-5　猪瘟　淋巴肿大、周边出血

彩图4-6　猪瘟　盲肠大量溃疡灶

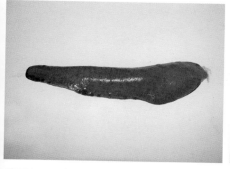

彩图4-7　猪瘟　脾边缘稍突起出血性梗死

彩图4-8　猪弓形虫病　肾表灰白色坏死灶

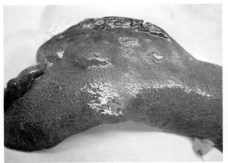

彩图4-9 猪弓形虫病 脾脏极度肿大、出血

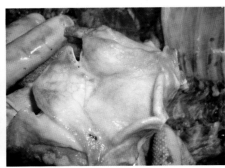

彩图4-10 猪弓形虫病 喉气管大量泡沫和黏液

彩图4-11 猪弓形虫病 肠系膜淋巴结肿大成绳索样

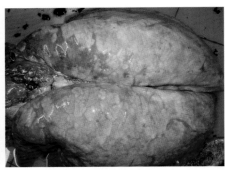

彩图4-12 猪蓝耳病 肺脏气肿、大理石样变

彩图4-13 蓝耳病猪

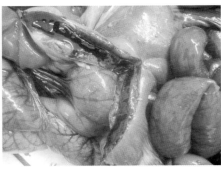

彩图4-14 猪蓝耳病 淋巴结出血、水肿

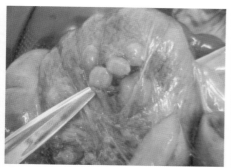

彩图4-15　猪附红细胞体病　肠系膜淋巴结肿大、黄染

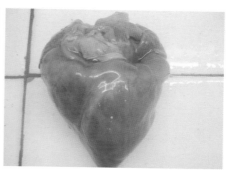

彩图4-16　猪附红细胞体病　心冠黄染

彩图5-1　猪水肿病　肠系膜水肿胶冻样浸润

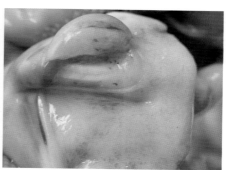

彩图5-2　猪水肿病　胃黏膜下胶冻样浸润

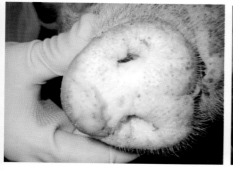

彩图6-1　猪口蹄疫　鼻盘有水疱

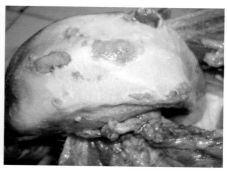

彩图6-2　猪口蹄疫　舌面溃烂

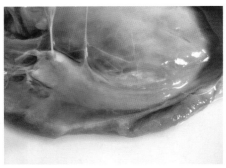

彩图6-3　猪口蹄疫　心肌黄色条纹变性坏死

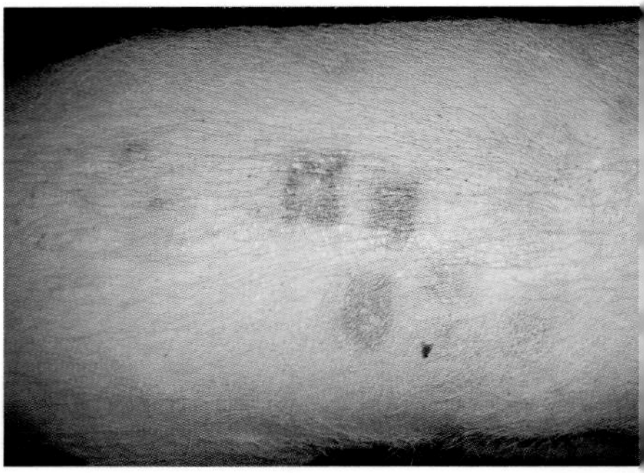

彩图6-4　猪丹毒　皮肤上打火印

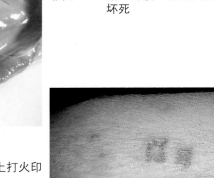

彩图6-5　猪丹毒　心瓣膜呈菜花样变

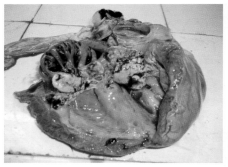

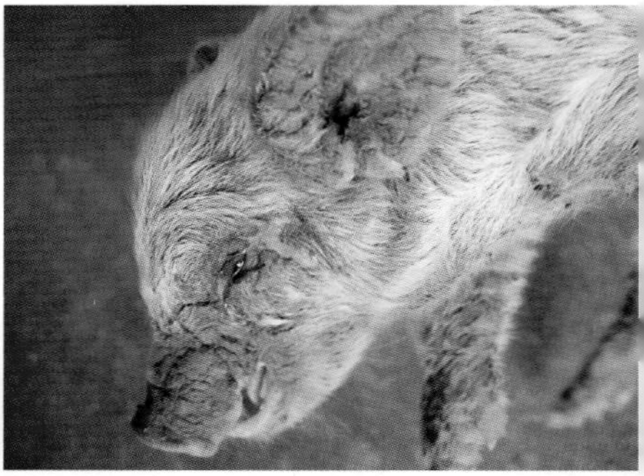

彩图6-6　仔猪渗出性皮炎　皮肤上覆盖一层黑棕色的油脂性痂块

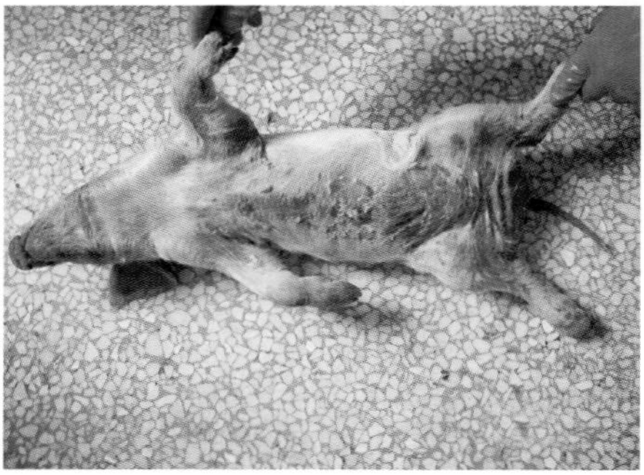

彩图6-7　仔猪渗出性皮炎